献给赛丽娜和珍妮。
　　　——达米安·拉韦尔杜恩

献给所有将生命施以魔法的人。
　　　——埃莱娜·拉杰克

图书在版编目（CIP）数据

濒危的幻想动物 / (法) 埃莱娜·拉杰克, (法) 达
米安·拉韦尔杜恩著；刘雨玫译. –– 北京：北京联合
出版公司, 2021.6

　ISBN 978-7-5596-5193-8

　Ⅰ. ①濒… Ⅱ. ①埃… ②达… ③刘… Ⅲ. ①动物—
儿童读物 Ⅳ. ①Q95-49

　中国版本图书馆CIP数据核字(2021)第061820号

Histoires naturelles des animaux imaginaires ©Actes Sud, France, 2016

Simplified Chinese rights are arranged by Ye ZHANG Agency (www.ve-zhang.com)

Simplified Chinese edition copyright © 2021Ginkgo (Beijing) Book Co., Ltd.

本书中文简体版权归属于银杏树下（北京）图书有限责任公司
书中地图系原书插附地图
审图号：GS（2021）2960号

濒危的幻想动物

作　　者：[法]埃莱娜·拉杰克　[法]达米安·拉韦尔杜恩　　　　译　　者：刘雨玫
出 品 人：赵红仕　　　　　　　　　　　　　　　　　　　　　选题策划：北京浪花朵朵文化传播有限公司
出版统筹：吴兴元　　　　　　　　　　　　　　　　　　　　　编辑统筹：张丽娜
责任编辑：牛炜征　　　　　　　　　　　　　　　　　　　　　特约编辑：张丽娜
营销推广：ONEBOOK　　　　　　　　　　　　　　　　　　　装帧制造：墨白空间·王茜

北京联合出版公司出版
（北京市西城区德外大街83号楼9层　100088）
天津图文方嘉印刷有限公司印刷　新华书店经销
字数80千字　650毫米×990毫米　1/8　10印张
2021年6月第1版　2021年6月第1次印刷
ISBN 978-7-5596-5193-8
定价：88.00 元

读者服务：reader@hinabook.com 188-1142-1266
投稿服务：onebook@hinabook.com 133-6631-2326
直销服务：buy@hinabook.com 133-6657-3072
官方微博：@ 浪花朵朵童书

浪花朵朵

[法]埃莱娜·拉杰克
[法]达米安·拉韦尔杜恩 著
刘雨玫 译

濒危的幻想动物

科学顾问：卡西莉娅·科丽娜和卢修斯·维维克斯
来自幻想生物学研究中心"西班牙城堡"

北京联合出版公司
Beijing United Publishing Co.,Ltd.

目 录

哺乳类幻想动物

除了罕见的几种，其他哺乳类的幻想动物都和人类一样在陆地上生活、繁衍。它们或有两只脚，或有四只脚，或有六只脚，绝大部分都拥有厚厚的皮毛，使身体能时刻保持温暖。

这些幻想动物中有些与我们所熟悉的哺乳动物形态十分接近，其余的便与我们的认知有着天壤之别了。

双角兽家族

该家族包括拥有一对犄角的哺乳类幻想动物。

独角兽家族

额前长有神奇独角的动物组成了这个"独一无二"的家族。

混合兽家族

混合兽拥有两类异种动物的特征，该家族的成员各个都不同凡响，以自身的存在彻底颠覆了自然法则。

奇美拉家族

"奇美拉"是希腊神话中大名鼎鼎的一种怪物，狮头、羊身、龙尾，如今用来代指结合三种以上异种生物形态的幻想动物。

鼻行动物家族

鼻行动物包括两百多种不同分支的哺乳类动物，最大特征是从其始祖演化而来的鼻子，因此被归于鼻行属。

其他哺乳类幻想动物

有翼类幻想动物

这些有翼生物也诞生于人们的奇思妙想中。它们能够自如地起飞、翱翔、变换飞行速度，而这一切都归功于那双强健的翅膀。它们的身体被各式各样的羽毛覆盖：或是柔软如丝，或是锋利如刀，或是闪亮如钢，或是绚烂如虹。

鸟类家族

从外观来看，这些动物与我们所熟悉的鸟儿似乎别无二致。但只要仔细观察，就会发现它们都有着各自的特征，或惊艳或荒诞，总之妙趣横生。

飞行兽家族

试问谁没有过飞翔的梦想？这个奇妙家族的生物拥有与已知兽类相似的外观，但比它们多出了一双灵活的羽翼。这双天赐的羽翼让这个家族的成员在天空中如燕飞翔，在陆地上如风奔跑，甚至在大海中如鲸畅游。

爬行类幻想动物

在许多文化中，冷血、覆满鳞片的爬行动物并没有得到人们的青睐。射出毒液、喷出火焰，以及充满敌意的注视，这些可怕的自我防御行为无一不让这类动物成了危险的代名词。

龙族

龙族常年霸占着幻想动物知名度榜首。这些庞然大物遍布世界各洲，组成了一个壮观的大家庭。

飞龙家族

拜薄膜翅膀所赐，这些巨大的动物可以和轻盈的鸟儿一起在空中飞翔。

两栖龙家族

两栖龙的大半时光都在水下度过，偶尔也会爬上陆地透透气。一旦现身，其巨大的身形便让人难以忽视。

其他爬行类幻想动物

水栖类幻想动物

在人类难以企及的深水之下，潜伏着各类巨大的水栖动物。幸运的是，这些动物仍安守在不见天日的深渊中，鲜少露面。

海栖动物家族

这个家族的成员都生活在海洋深处。它们极为罕见的现身必会带来地动山摇的灾难。

湖栖动物家族

这类动物外形天差地别，唯一的共同点便是它们的居所：湖泊、河流或池塘。它们被统一归到湖栖动物家族。

蠕虫类幻想动物

蠕动是这些无脊椎动物移动的唯一方式。尤其是当它们的体形变大数百、数千倍之后，给人带来的便不仅仅是反胃，更多的是毛骨悚然。

无法归类的复合幻想生物

这些生物有着动物的外观，但同时也拥有植物的生长周期。这一奇异的特性让该群体无法被归入上文的分类之中。

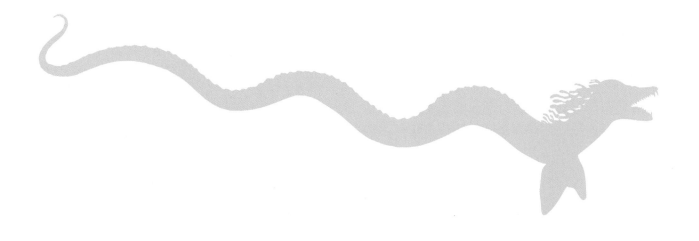

致读者朋友的一封信

如今，我们还相信幻想动物的存在吗？

很久以前，人们对当今所谓幻想动物的存在坚信不疑。远古时代，希腊人和罗马人都认定，在远方的国度中栖息着长有羽翼或在水下呼吸的马、能以目光夺命的牛，以及各种会飞的猛兽。

在中世纪的欧洲，幻想动物的种类层出不穷，并开辟了新的领地。来自利比亚的小蛇怪传到欧洲，成了拖着蛇尾的公鸡。龙族日渐壮大，演变成了最令人闻风丧胆的爬行动物。源于印度的独角兽因人类垂涎其神奇的角，在欧洲森林中屡遭猎杀。那是属于动物画册的辉煌年代：在各种画册中，幻想动物与现实动物交相辉映，共存共荣。

随着时光流逝，许多幻想物种逐渐走向消亡。西方的森林不再是独角兽与龙族的庇护所，幻想动物与传说中的古老秘境纷纷从地图上消失。随即，日新月异的 20 世纪来临，水泥森林高高立起，光电噪音让这些幸存的动物流离失所，只好逃去汪洋之底、大山深处，以求回归一时安宁。时至今日，在巴塔哥尼亚的土地和海域中，依然有许多古怪而神秘的动物繁衍生息。冒险者会被劝阻不要踏入马达加斯加的森林，那里正是各种美丽猛兽的藏身之地。但这一切依然掩盖不了全世界的幻想动物们时刻面临灭顶之灾的事实。人们确实还能在某些书籍中寻到这些动物的蛛丝马迹，但多半只是出于对奇幻小说的爱好，或天马行空的兴趣，而并非对它们存在于现实世界抱有一丝一毫的信心。

如何才能让这些动物重见天日，并与它们重建联系？为此，我们追溯到传说的源头，查阅古老的文献记载，聆听马达加斯加和巴塔哥尼亚人讲述古老的故事，求证日本东方传说中的百鬼夜行。拜这些丰富资料所赐，幻想动物的神秘面纱终于被揭开，我们得以深入了解它们的形态、生活习性与演变史。根据这些证据和我们的一些猜测与推断，我们将各种幻想动物加以比较、分类汇总。这些分类与推论并非绝对，都还留有质疑的空间。我们希望这本书能让读者充分发挥奇思妙想：因为这些动物真正的生命源泉，正是各位的想象力。

埃莱娜·拉杰克和达米安·拉韦尔杜恩

前 言

众所周知，如今众多脊椎动物和无脊椎动物都濒临灭绝的危险。但很少有人察觉到，同样走上消亡之路的还有那些传说中的动物们。随着时间流逝，这些怪兽日渐虚弱，终归尘土。与其一起消失的，还有自然界的第四王国——幻想国度。为此，国际奇美拉兽保护联盟敲响了警钟。那些晶亮的肢爪、瑰丽的犄角、闪闪发光的鳞片何时归来？那些钢制羽翼、青铜利爪栖息在何方？那些身披幻想华衣的飞禽又该何去何从？

遗忘和淡漠将这些动物拉下舞台，电影作品和游戏世界中创造的新物种也在与它们争夺一席之地。令人欣慰的是，还有各种保护项目在为它们持续注入新生命，一个将传说动物放归山野的策划尤其让人眼前一亮：将以梦为食的食梦貘放回日本森林，让产琥珀的阿西波布飞向中国高山，送呼风唤雨的水底豹去畅游墨西哥湖泊，带流下珍珠眼泪的摩伽罗亲睹印度长河。

近期举办的全球濒危幻想物种反遗忘大会上专家云集，他们热烈探讨研究保护措施。杰出的科学家们发出强烈呼吁，让世界各地的传说动物园互相交换现存物种，幻想的生命力才能源源不绝。至于那些脆弱的物种，应当为它们建造一个能够全球巡游的幻想生态展，比如用一场大型的幻想动物主题读书会，来唤醒那些沉睡的古老回忆。那些混合兽，有的蜷缩在梦境中酣睡，有的躲藏在云层里贪享温暖阳光，借此机会得以重见天日，舒展尘封多年的羽翼。而人们会在眺望星辰大海时，窥见它们的身影。

这些动物虽是由梦与幻想织成的造物，但它们也切实拥有鲜活的身体组织、肌肉与神经。我们可以对它们进行生物学解剖，让科学和数据来解释那些未知力量的来源。因此，本书含有大量幻想动物的解剖结构图，以便读者一睹真容。你也可以通过阅读前人留下的写满奇闻和传说的书籍、手稿来了解它们。

现在，请翻开这本幻想动物的百科全书，让感官沉浸在引人入胜的章节之中：侧耳倾听鹿角兔的学舌、卡托布莱帕斯的喘息、萨达瓦的乐声、鹪的嘶鸣；仔细品味来自波纳孔、甘贝鲁、林德虫那或恼人或迷人的气味；用心观赏鼻行兽的身姿、食金鸟的不灭光彩，以及霍加的五彩光芒。

总而言之，这是一场为从未存在之物掀起的文化复兴。

卡西莉娅·科丽娜与卢修斯·维维克斯

幻想生物学研究中心"西班牙城堡"*

---

* 代指"永远不可能实现的事"或"永远无法抵达的地方"，这个说法源于西班牙的乡下没有城堡的存在，民间常有人开玩笑说"去西班牙买城堡"来表示做不到的事情。这篇前言为本书科学顾问塞西尔·科林（Cécile Colin）和吕克·维夫（Luc Vives）所作，他们虚构了幻想生物学研究中心这样一个机构，并将二人姓名化作卡西莉娅·科丽娜（Caecilia Colina）和卢修斯·维维克斯（Lucius Vivix）。——编者注

幻想动物系谱树

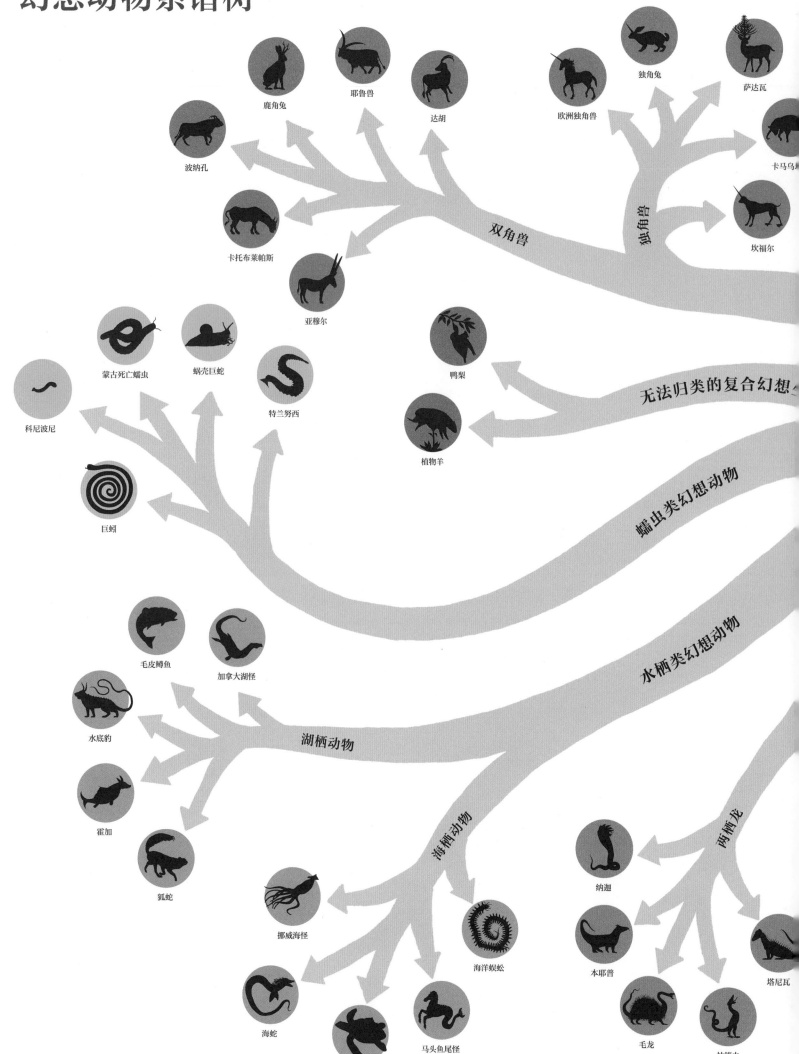

波纳孔

鹿角兔

耶鲁兽

达胡

欧洲独角兽

独角兔

萨达瓦

卡马乌斯

坎福尔

双角兽

独角兽

卡托布莱帕斯

亚穆尔

蒙古死亡蠕虫

蜗壳巨蛇

特兰努西

鸭梨

无法归类的复合幻想

科尼波尼

植物羊

巨蚓

蠕虫类幻想动物

毛皮鳟鱼

加拿大湖怪

水底豹

霍加

水栖类幻想动物

湖栖动物

狐蛇

海栖动物

挪威海怪

海洋蜈蚣

纳迦

两栖龙

本耶普

塔尼瓦

海蛇

扎拉坦巨龟

马头鱼尾怪

毛龙

林德虫

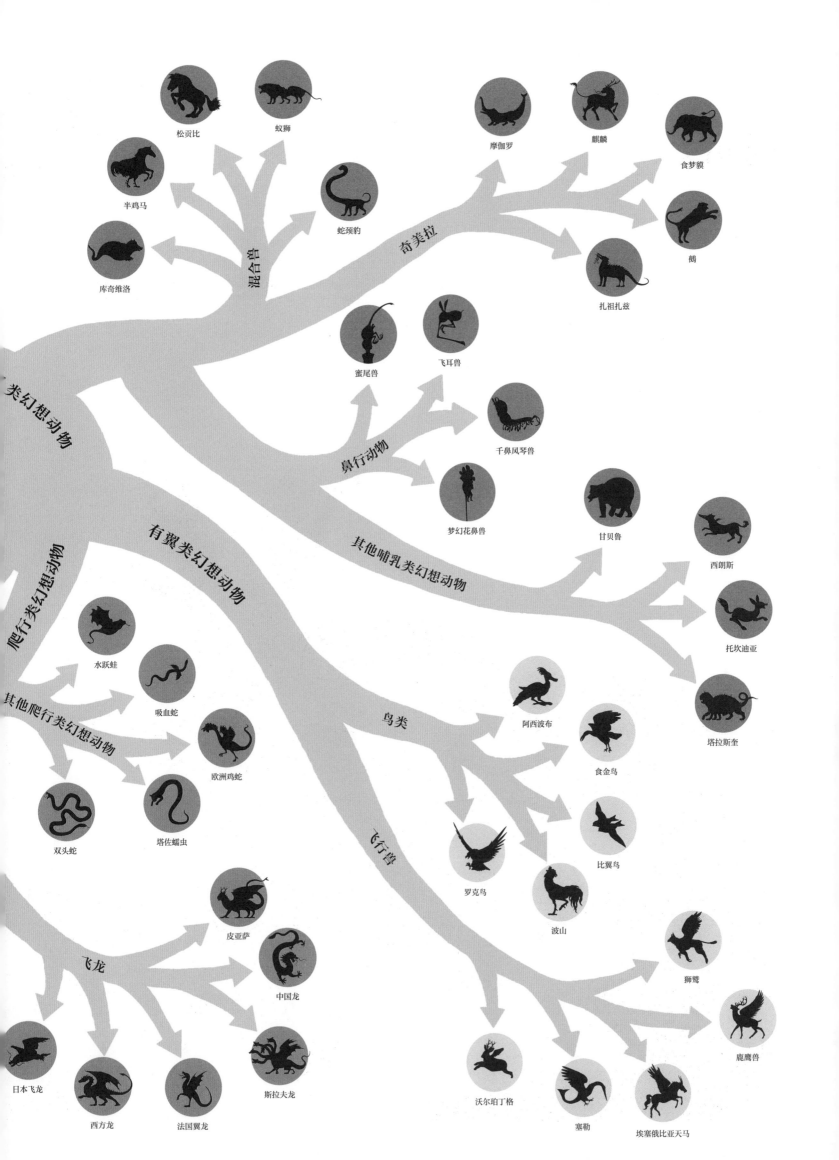

松贡比

蚁狮

半鸡马

蛇颈豹

库奇维洛

混合兽

摩伽罗

麒麟

食梦貘

鸺

扎祖扎兹

奇美拉

蜜尾兽

飞耳兽

千鼻风琴兽

梦幻花鼻兽

甘贝鲁

西朗斯

托坎迪亚

塔拉斯奎

鼻行动物

其他哺乳类幻想动物

鸟类幻想动物

水跃蛙

吸血蛇

欧洲鸡蛇

双头蛇

塔佐蠕虫

爬行类幻想动物

其他爬行类幻想动物

有翼类幻想动物

鸟类

阿西波布

食金鸟

比翼鸟

罗克鸟

波山

飞行兽

皮亚萨

中国龙

斯拉夫龙

飞龙

日本飞龙

西方龙

法国翼龙

狮鹫

鹿鹰兽

沃尔珀丁格

塞勒

埃塞俄比亚天马

鹿角兔

学名：*Lepus cornutus*

复读兔

　　1829 年，这种动物首次在美国怀俄明州被人发现。从此之后，每年 6 月，当地居民都会举办鹿角兔纪念日庆祝活动。这种野兔之所以出名，并不仅仅由于其头顶那对奇特的鹿角，也因为它对人类的声音拥有超乎寻常的模仿能力。和某些鸟儿的习性类似，鹿角兔对复读一事乐此不疲，并且也善于用这种能力让狩猎者晕头转向，找不着北。

　　万幸的是，这种爱好恶作剧的食草动物只会在雷雨天气繁殖，因此数量远比普通野兔要少。

大小：体长最长可达 70 厘米
体重：5 千克
栖息地：树林、灌木丛
分布地：北美洲

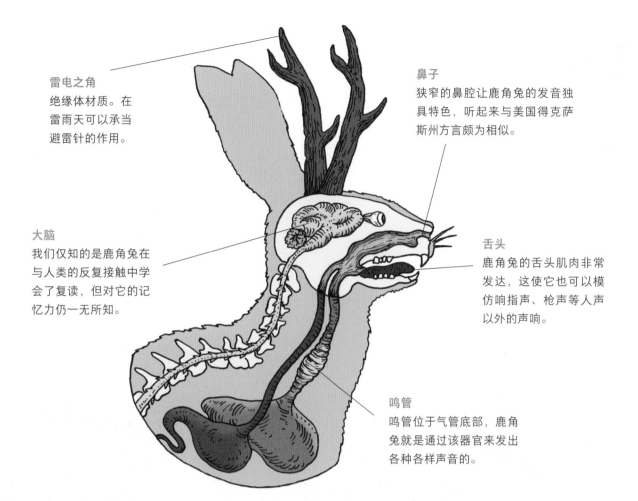

雷电之角
绝缘体材质。在
雷雨天可以承当
避雷针的作用。

鼻子
狭窄的鼻腔让鹿角兔的发音独
具特色，听起来与美国得克萨
斯州方言颇为相似。

大脑
我们仅知的是鹿角兔在
与人类的反复接触中学
会了复读，但对它的记
忆力仍一无所知。

舌头
鹿角兔的舌头肌肉非常
发达，这使它也可以模
仿响指声、枪声等人声
以外的声响。

鸣管
鸣管位于气管底部，鹿角
兔就是通过该器官来发出
各种各样声音的。

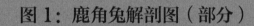

图1：鹿角兔解剖图（部分）

耶鲁兽

学名：*Capra keratomobilis*

危险的刀斧手

耶鲁兽有着大型山羊般的外观，身披白色皮毛，头顶弓形大角。它的特别之处，除了那对灵活的大角，还有野猪般的獠牙和大象般的尾巴。那对大角如军刀般锋利，可以 360 度旋转，可以各自独立摆动，是耶鲁兽最强大的武器。

不过，这双角并非仅仅用于战斗。到了交配的季节，为了吸引配偶，耶鲁兽就会旋转着自己引以为傲的"利刃"，跳起热情洋溢的舞蹈。（耶鲁兽是少数会跳求偶舞的哺乳动物之一。）

如今，仅存的耶鲁兽生活在印度西部的山区。

大小：肩高 1 米
体重：150 千克
栖息地：山区
分布地：埃塞俄比亚、印度西部

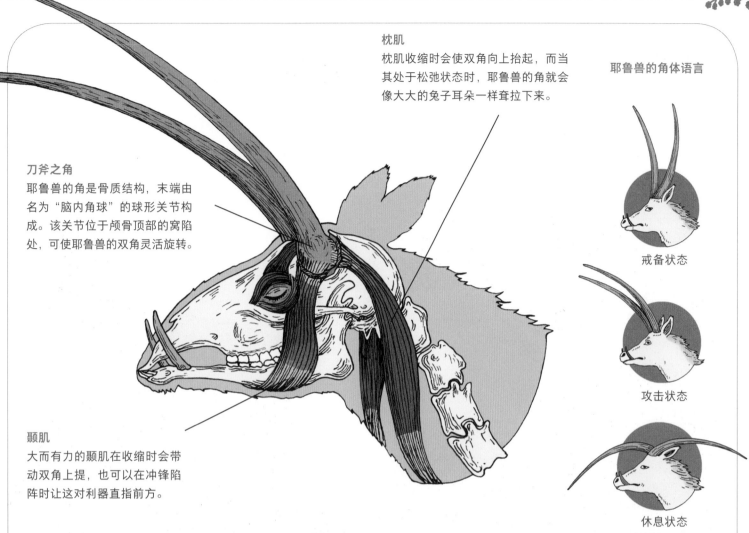

枕肌
枕肌收缩时会使双角向上抬起，而当其处于松弛状态时，耶鲁兽的角就会像大大的兔子耳朵一样耷拉下来。

刀斧之角
耶鲁兽的角是骨质结构，末端由名为"脑内角球"的球形关节构成。该关节位于颅骨顶部的窝陷处，可使耶鲁兽的双角灵活旋转。

颞肌
大而有力的颞肌在收缩时会带动双角上提，也可以在冲锋陷阵时让这对利器直指前方。

耶鲁兽的角体语言

戒备状态

攻击状态

休息状态

图 2：耶鲁兽头部解剖图

波纳孔

学名：*Bos pestilentus infernus*

大小：肩高 1.5 米
体重：最重可达 500 千克
栖息地：平原
分布地：小亚细亚

爆毒之牛

　　很久很久以前，常能看到成群结队的波纳孔在小亚细亚的平原上游荡。经过该地区的旅行者们难以理解为什么这种脾性温和的牛从未被驯养：波纳孔从早到晚只是悠闲地吃草，看上去和其他农场动物一样，并不好斗，而且，那双向后弯曲的犄角也起不到任何防御或攻击的作用。

　　鲜为人知的是，这种野生动物藏有它的秘密武器：从臀部喷出恶臭的有毒液体，并且命中率极高——这正是当地人不愿意招惹它的原因。这种分泌物虽然不致命，但与皮肤接触后，足以导致烧伤般的强烈痛楚，如果不慎溅入眼睛，还有失明的风险。除此以外，受害者浑身都会沾上强烈臭味，难以清除。

达胡

学名：*Rupicapra pedibus ridiculosi*

大小：肩高 80 厘米
体重：30~50 千克
栖息地：山区、碎石坡
分布地：法国境内的阿尔卑斯山
　　　　和比利牛斯山地区

岩羚羊之祖

　　达胡的外观和如今的岩羚羊十分相似。它们居住在半山腰，是唯一一种左右腿长不一致的动物。共有两种达胡亚种生活在阿尔卑斯山和比利牛斯山：左腿偏短的左旋达胡，以及右腿偏短的右旋达胡。对于常在倾斜坡面行走的达胡而言，这种特殊的身体构造有助于它们保持平衡。但是，一旦需要转身、在平地上行走或快速上下坡时，这种可怜的动物便要叫苦不迭了。

　　一旦左旋达胡与右旋达胡进行繁殖，就会生出左右腿长度相等的幼崽，它们和普通岩羚羊几乎没有差别，因此，达胡是岩羚羊之祖一说也据此而来。

卡托布莱帕斯

学名：*Bufalus gorgonus*

大小：肩高 1.3 米
体重：最重可达 400 千克
栖息地：高原、山区
分布地：埃塞俄比亚

剧毒之牛

　　卡托布莱帕斯的外表看起来没有攻击性，绝大多数时间都在埃塞俄比亚的高原和山区四处游荡，安静地吃草。

　　根据记载，这种动物的目光极其危险：一旦与其对视，就会丢掉小命。幸运的是，它的头颅过重，脖子过长，再加上厚厚的鬃毛盖住了双眼，除了埋头吃草，它根本无法抬起头来与人对视。因此，卡托布莱帕斯从未对当地居民造成过威胁。

　　除此之外，卡托布莱帕斯还有另外一项撒手锏：一旦其他生物距离过近，感到受威胁的卡托布莱帕斯就会惊慌失措，一边嘶鸣一边拼命地喘气，呼出的致命毒气在空气中四处蔓延。据记载，该现象与它日常摄入的有毒植物密切相关。

亚穆尔

学名：*Asinum arbores amputator*

大小：肩高 1.3 米
体重：200 至 280 千克
栖息地：温带森林
分布地：古波斯（如今的伊朗）

伐木之驴

　　亚穆尔的外观和驴相似，比驴多出两根又长又扁且满是锯齿的角，顶端尖尖，像极了锯条。每年春天，两只角都会自然脱落，长出新的角。亚穆尔的兴趣爱好使人十分恼火：锯断树木、破坏森林，而导致这种行为的原因至今未明。有人说锯断树可以让亚穆尔更方便地找到它最爱吃的美味小昆虫；也有人说它并不是有意为之，只是蹭树止痒时的无意之举。

　　有些伐木工人试图驯养这种动物来为自己工作，但至今没有一人成功。

咔嚓！

萨达瓦

学名：*Unicornis musicatus*

音乐之冠

这种独角鹿名为萨达瓦，生活在土耳其及其周边地区。它的鹿角最长可达 1.5 米，由主枝和 72 根空心侧枝（侧枝是从鹿角主枝上长出的小枝）构成。

每当有气流通过，长短不一的侧枝就会像管风琴那般被吹响，合奏出缤纷多彩的乐曲，给聆听者带来极致的享受：或让人春风满面，或让人热泪盈眶。

鹿角脱落后，就变成了一件大自然亲造的乐器。人们常来到萨达瓦出没的地区，四处寻找鹿角琴的踪影。

大小：肩高 1.4 米（四脚直立时）
体重：250 千克
栖息地：温带森林
分布地：土耳其及其周边地区

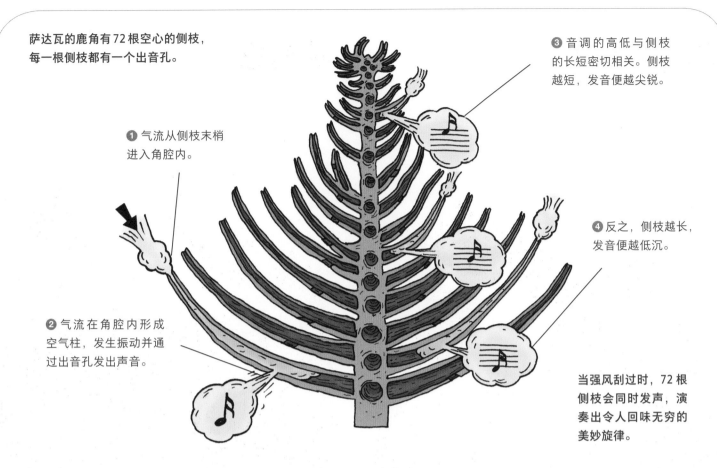

图3：萨达瓦鹿角纵向切面图

欧洲独角兽

学名：*Unicornis europaeus*

大小：肩高 1.1 米
体重：120 千克
栖息地：温带森林
分布地：欧洲西部

最负盛名的独角兽

请不要被那高贵温和的外表所欺骗，作为全世界最难捕捉的动物，欧洲独角兽的本性极其凶狠。据传闻，它对任何物种都不存畏惧，哪怕面对雄狮和大象也可以毫不犹豫地勇猛出击。战斗一旦开始，独角兽就会踏着"铁"蹄冲锋陷阵，以螺旋利角撕裂敌人的血肉，电光石火间直击要害。

在中世纪，人们坚信独角兽的角既有抵御疾病的功效，也拥有让人起死回生的魔力。为此，即使危险重重，也有许多人不惜代价去狩猎独角兽。

独角兔

学名：*Unicornis carnivoris*

大小：体长 50 厘米
体重：3 千克
栖息地：灌木丛、草原
分布地：龙之岛（位于印度洋）

食肉之兔

独角兔源于阿拉伯传说，它们身披点缀着黑斑点的芥末黄色皮毛，头顶的螺旋角能有体长的一半。

独角兔是一种凶猛的肉食动物，狩猎技术高超，猎物一旦被盯上就毫无逃脱的希望。它有闪电般的爆发力，锋利的角如一把锃亮的匕首，刀刀致命，令对手甘拜下风。

大多数动物都对这嗜血的猎食者闻风丧胆，唯恐避之不及。好在，这独来独往的猎手唯一的居所位于印度洋中部的一座小岛，被阿拉伯博物学家称作"龙之岛"，其位置早已无从查证。因此，至今也没有人知道是否还有独角兔存于世间。

卡马乌埃多

学名：*Unicornis patagoniae*

大小：肩高 90 厘米
体重：200 千克
栖息地：海洋、沿海地区
分布地：智利南部（临太平洋）

坎福尔

学名：*Unicornis amphibis*

大小：肩高 80 厘米（四脚直立时）
体重：最重可达 80 千克
栖息地：温暖海域、沿海地区
分布地：非洲东海岸（临印度洋）

破坏之兽

卡马乌埃多又被称为"巴塔哥尼亚独角兽"，有着大海般深蓝的皮肤与银色的角，体形壮硕，大小和小牛犊相似。它生活在智利本土南部沿海地区和奇洛埃岛附近的海域。

卡马乌埃多诞生于内陆河流，成年后便会向海域迁徙。在风雨交加的夜里，这种动物所经之处都留下了被它们的犄角划出的巨大沟壑，凭空形成了许许多多的小溪和河流。还有一些行动笨拙的卡马乌埃多甚至造成了山体滑坡。而这就是这种动物在马普切人（生活在智利的原住民）中声名狼藉的原因。

不仅如此，也有传闻称，主要以鱼类为食的卡马乌埃多有时候会换换口味，吞食人类。

有蹼的独角兽

在非洲沿海，从埃塞俄比亚到好望角一带，都能看见坎福尔的身影。这种动物保留了数千年来独角兽一族的原始特征。与欧洲独角兽不同的是，它的后足并不是分趾的蹄形，而是和鸭子一样的脚蹼。拜其所赐，这种两栖动物可以灵活地在海中游动，觅食鱼类。它会用头顶的尖角像鱼叉一样精准地击中目标，然后便将猎物带回陆地大快朵颐。

坎福尔天性暴躁好斗，绝不会放过任何一个打扰到它捕鱼的入侵者。

轰隆隆

??

松贡比

学名：*Hippobos madagascarensis*

救命！

来自马达加斯加的混合兽

　　松贡比是一种体形与马相似的四足动物，生活在马达加斯加的热带森林中。它是马和牛的混合体，巨大而壮实，一身米色皮毛，脑后披着马鬃。

　　岛上的原住民们常用松贡比的故事来吓唬孩子：这种可怕的野兽喜食人类，而且只有在猎杀之夜才会看见它的踪影。长期以来，很少有人知道它白天的居所究竟在何处。有幸尾随了一只松贡比的目击者称，它的藏身之处是位于森林深处的一个阴暗小山洞。

大小：肩高 1.4 米
体重：500 千克
栖息地：热带雨林
分布地：马达加斯加

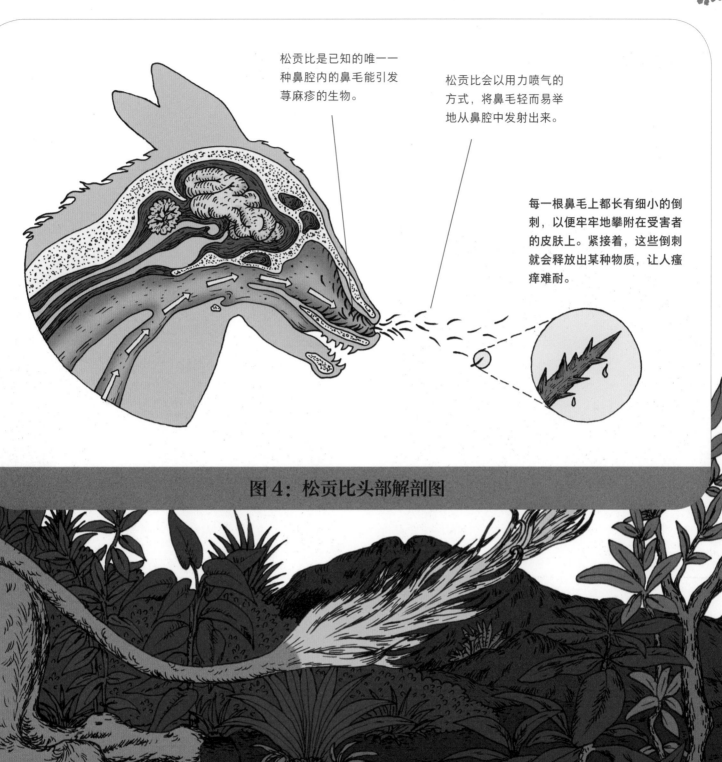

松贡比是已知的唯一一种鼻腔内的鼻毛能引发荨麻疹的生物。

松贡比会以用力喷气的方式,将鼻毛轻而易举地从鼻腔中发射出来。

每一根鼻毛上都长有细小的倒刺,以便牢牢地攀附在受害者的皮肤上。紧接着,这些倒刺就会释放出某种物质,让人瘙痒难耐。

图 4:松贡比头部解剖图

库奇维洛

学名：*Porpiscus chilii*

大小：肩高 1.4 米
体重：最重可达 2 吨
栖息地：海洋、沿海地区、河流、沼泽
分布地：智利奇洛埃岛

猪首鱼身的动物

在马普切语（生活在智利的马普切人的语言）中，"库奇"意为猪，"维洛"意为蛇。这种水陆两栖混合兽生活在与智利本土隔海相望的奇洛埃岛畔，多半时间都群居生活，在海底繁衍进化。和猪一样，库奇维洛也是杂食动物，不过它最爱吃的还是淡水鱼和海味。贪吃的库奇维洛甚至会破坏岛上渔民的渔网，将网里的鱼抢食一空。

这种动物也可以爬上陆地，但行动极其不便。在岛上，人们偶尔能看到它们在河流湖泊中游泳或在沼泽的泥巴中打滚的身影。

库奇维洛接触的水源会被它皮肤分泌的有毒物质污染，能引起人类强烈的过敏反应。

蛇颈豹

学名：*Serpenthera aegyptiacus*

大小：肩高 60 厘米，脖子完全伸直可达 2.5 米
体重：100 千克
栖息地：沙漠
分布地：埃及南部的撒哈拉沙漠地区

长颈的捕猎者

蛇颈豹是蛇与金钱豹杂交的结晶。这种古老的动物拥有猫科动物的矫健躯体和大型爬行动物的修长脖颈，曾生活在埃及南部的撒哈拉沙漠一带。

这种动物在捕猎时既具有猫科动物的敏捷，也兼备了蛇的柔韧，这使蛇颈豹的捕猎动作快如闪电。它会像蟒蛇那样将整个猎物生吞，然后通过腹中腐蚀性极强的胃酸来将它们溶解。

在蛇颈豹开始交配之前，两位伴侣会举办一场特别的仪式：雌性和雄性的长脖子像麻绳一样互相交缠在一起，只要不被打扰，它们就会静静地保持这个姿势数日。

半鸡马

学名：*Galiequus comicus*

大小：肩高 90 厘米（四脚直立时）
体重：140 千克
栖息地：平原、草原
分布地：希腊、土耳其和伊朗

妙趣横生的组合

　　这种外形怪异的动物几乎一无是处：既跑不快，又飞不起来。那两根纤细的鸡腿根本无法支撑起它前半段的马身子，它穷其一生都在寻找那个不存在的平衡点。它总是跌跌爬爬的模样和小丑一样让人捧腹。尽管如此，半鸡马依然一副得意扬扬的姿态，并且找尽一切机会大展歌喉：它昂首挺胸，嘴巴一张，发出让人无法恭维的啼叫，无论高音低音都粗陋不堪，引起听众一阵阵哄笑。

　　四千多年以前，希腊和地中海周边地区生活着很多的半鸡马，随着时间流逝，它的踪迹逐渐消失，现在这种动物已经几乎灭绝了。不过，依然有人喜欢模仿它笨拙的叫声，给孩子们带来不少乐趣。

蚁狮

学名：*Formicoleonis gluto*

大小：身高 40 厘米
体重：8 至 10 千克
栖息地：山区
分布地：红海沿岸

难填的食欲之壑

　　迄今为止，蚁狮一定是混合兽家族中最不合常理的。很久以前，成千上万的蚁狮生活在红海沿岸，住在地下隧道般的巨大蚁丘里。

　　蚁狮拥有六足昆虫的身体，脖子上却顶着狮子的头颅，因此作家福楼拜这样描述它："前半身狮，后半身蚁"。

　　这种小型动物只有约 40 厘米高，总是成群结队地生活，并在危险时对敌人发起气势汹汹的群体攻击。

　　可悲的是，蚁狮对肉食的迷恋与它本身的消化系统并不匹配。由于无法吸收吃下去的肉，这一物种最终走向不可避免的灭亡。

食梦貘

学名：*Chimaera somnigera*

梦之猎手

这种古老的动物起源于中国，如今主要栖息在日本诸岛。

食梦貘的食物别具一格：人类的梦境。一旦夜幕降临，它就会迈着猫咪般轻盈敏捷的脚步，在屋顶之间跳跃穿梭。它走走停停，全神贯注地聆听着四周的动静，从中分辨出人们的鼾声。接着，它用长牙推开窗户，进入沉睡者的梦境。食梦貘只需舒展自己的长鼻子，轻轻一吸，无论美梦还是噩梦都荡然无存。现如今，召唤食梦貘最常用的方法之一，是在一张纸上画上它的模样，或者写下它的名字，入睡前将这张纸放在枕头下面。夜深人静时，这奇妙的小兽就会如约而至。

大小：肩高 70 厘米
体重：5 千克左右
栖息地：城市周边地区
分布地：中国、日本

20

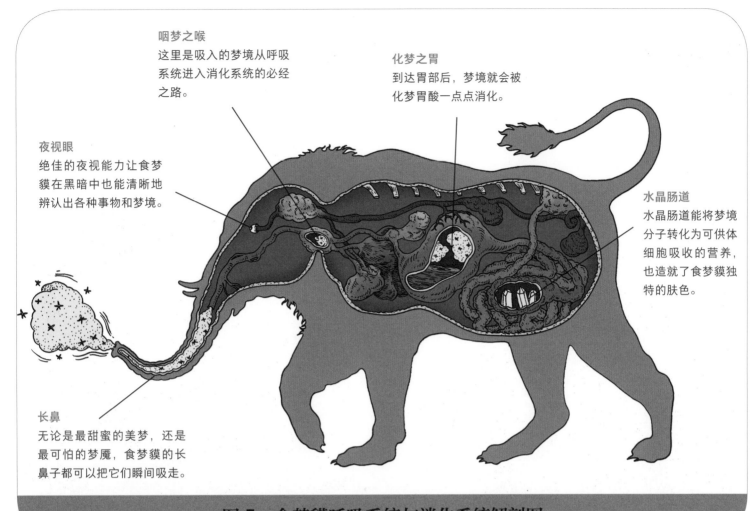

咽梦之喉
这里是吸入的梦境从呼吸系统进入消化系统的必经之路。

化梦之胃
到达胃部后，梦境就会被化梦胃酸一点点消化。

夜视眼
绝佳的夜视能力让食梦貘在黑暗中也能清晰地辨认出各种事物和梦境。

水晶肠道
水晶肠道能将梦境分子转化为可供体细胞吸收的营养，也造就了食梦貘独特的肤色。

长鼻
无论是最甜蜜的美梦，还是最可怕的梦魇，食梦貘的长鼻子都可以把它们瞬间吸走。

图5：食梦貘呼吸系统与消化系统解剖图

扎祖扎兹

学名：*Multispecies incroyabilis*

大小：肩高 35 厘米
体重：25 千克
栖息地：地窖、博物馆收藏室
分布地：法国巴黎

巴黎神兽

在巴黎的地窖和博物馆收藏室里，生活着这样一种奇怪的小型动物：身后有长尾巴，后腿长着鸟爪，鼻子长长的，有三对弯弯的胡须以及一副用来保护后脑勺的骨冠。

扎祖扎兹每年会换两次毛：掉毛后全身光溜溜的，让人几乎认不出它来；随着一次次蜕变，其复杂的身体代谢系统令皮毛上呈现出各式各样的图案。

晚上，待博物馆闭馆之后，扎祖扎兹就会偷偷潜入展厅里。警卫第二天早晨会在馆内发现散落的毛发、展品上的咬痕或者五颜六色的粪便。据传闻，迄今为止只有一座巴黎的博物馆成功捕获了一只扎祖扎兹，并且，科学家仍未决定是否公开这种动物的存在。

鵺

学名：*Chimaera japonica ululata*

大小：肩高 1 米
体重：60 千克
栖息地：山区、树梢
分布地：日本

雷雨之兽

这种动物的身体集猿猴、獾、老虎和蛇的特点于一身。它神出鬼没，只在风雨交加的夜晚现身，一般在屋顶和树梢处，唯独在要吓唬人时才会落到地面上。

在漆黑的夜空中，鵺与云齐飞。它和飞鼠一样，有极强的跳跃和滑翔能力，只要展开将四肢与躯体相连的膜翼，便可以在空中自由滑翔。

人们对鵺往往只闻其声不见其形，它的叫声尖厉，如惊雷般轰鸣刺耳。人听久了会神志崩溃，陷入疯狂。

麒麟

学名：*Chimaera sinaea*

大小：肩高 1.3 米
体重：接近 10 千克
栖息地：温带森林、平原
分布地：中国

祥瑞之兽

麒麟在西方也被称为"中国独角兽"，与欧洲独角兽不同，历史上麒麟的形象多有变化，有说独角的，也有说无角和双角的。

麒麟看起来像一头覆满五彩鳞片的巨鹿，尾巴似牛，体形似鹿，四蹄似马，后脑生着长而飘逸的鬃毛。

麒麟性格温驯和善，生活在偏僻之地，鲜少有人能一睹真容，凡是见过它的人必定永生难忘。麒麟从不践踏昆虫，从不伤害草木，飞翔时贴近地面但从不落足。正因如此，从未有人见过它留下痕迹。

如今，由于与世隔绝的地方日渐稀少，麒麟的生存也受到巨大威胁。

摩伽罗

学名：*Chimaera aquigena*

大小：体长最长可达 5 米
体重：最重可达 600 千克
栖息地：海域、河流、沼泽
分布地：东南亚

水族奇美拉

源于印度的摩伽罗如今遍布亚洲各国，在泰国、越南、马来西亚甚至中国都能看见它的身影。不同地区的摩伽罗进化程度也不一样，除了象鼻子和鳄鱼牙齿这两样共有的基本特征外，有些拥有爬行动物的躯体，有些像巨大的鱼，有些用四足爬行，有些仅靠两腿站立。

甚至有些摩伽罗的喉咙深处长着一颗巨大珍珠般闪闪发光的瘤，为将此珍宝收入囊中，许多年轻勇敢的冒险者义无反顾地踏上了寻找摩伽罗的旅程。

呀！！

鼻行兽

学名：*Rhinogradentia stümpfkii*

大小：多变
体重：多变
栖息地：多变
分布地：哈伊艾伊群岛

销声匿迹的鼻行动物

　　鼻行兽直到 20 世纪下半叶才被人发现，堪称幻想动物学发展史上的重大事件。这些独特的动物组成了一个热闹的哺乳动物家族。在位于南太平洋的哈伊艾伊群岛中，总共生活着 200 多种奇形怪状的鼻行兽，它们的共同特征便是那特化的鼻子，被称为"鼻器"。

　　令人扼腕的是，人们从未有机会好好研究这些奇妙的动物。在一场灾难中，哈伊艾伊群岛连带着这个庞大的家族永远地消失在了汪洋大海之中。

① 鼻行动物目
庞大的鼻行动物目涵盖了各种鼻子发育特异的哺乳动物。

② 单鼻亚目
作为鼻行动物目的分支，单鼻亚目包括拥有单个鼻子的鼻行动物。

③ 足行类
该分支特征为拥有单个鼻子，并用四肢行走。

④ 鼻步类
该分支特征为依靠单个鼻子行走。

⑤ 跳鼻族
跳鼻族属鼻步类，特征为依靠单个鼻子进行跳跃。

⑥ 多鼻亚目
作为鼻行动物目的分支，多鼻亚目包括拥有多个鼻子的鼻行动物。

⑦ 千鼻族
该分支特征为拥有 38 个鼻子。

⑧ 四鼻族
该分支特征为拥有 4 个鼻子。

⑨ 六鼻族
该分支特征为拥有 6 个鼻子。

飞耳兽　跳鼻兽　章鱼鼻兽　梦幻花鼻兽　蜜尾兽　独鼻兽　千鼻风琴兽　四鼻兽

图 6：鼻行动物家族分类图

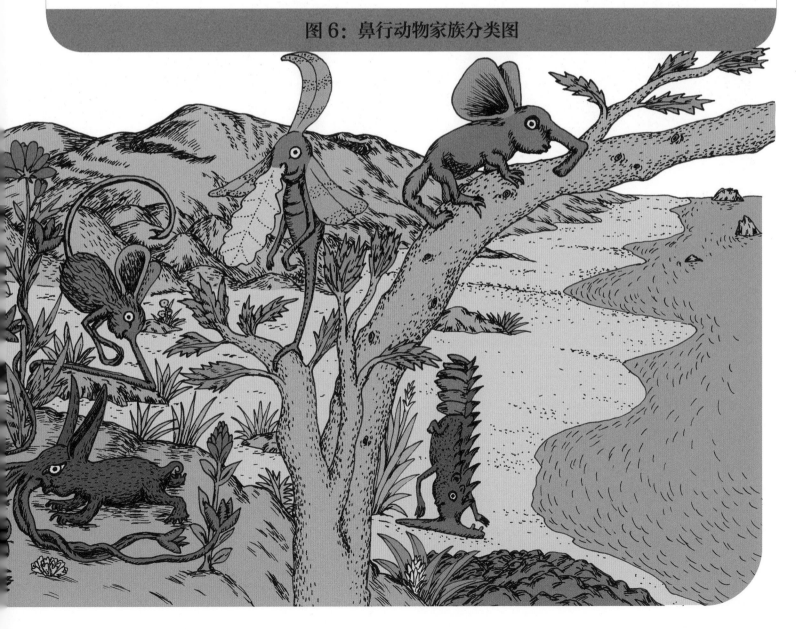

蜜尾兽

学名：*Dulcicauda griseaurella*

大小：身高 20 厘米
体重：200 克
栖息地：沿海地区
分布地：哈伊艾伊群岛

岿然不动之兽

　　在哈伊艾伊群岛尚未消失之前，蜜尾兽常成群结队地待在海滨的岩石上。它们的鼻子状似吸盘，分泌出的黏稠液体拥有强大的吸附能力。日复一日，随着分泌物一层层固化，吸在上面的蜜尾兽也愈升愈高。因此，可以通过固化物的层数来推算蜜尾兽的年龄。

　　这样长年大头朝下的生活让它无须为了捕食疲于奔命，只需静待猎物——小虫会被它尾端分泌的毒蜜吸引而来，它会在小虫爬上尾尖的刹那将其刺穿，然后便可以享用美餐了。

飞耳兽

学名：*Otopteryx volitans*

大小：体长 18 厘米（鼻子完全伸直时）
体重：50 克
栖息地：平原、草原
分布地：哈伊艾伊群岛

有趣的类鸟动物

　　飞耳兽飞翔的本领要多亏其强有力的鼻子：它们的鼻子猛然张开时会产生巨大的后坐力，它们立刻像鸟儿那样使劲扇动翅膀，便能向后方腾空起飞。同时，由于双眼长在头部两侧，飞耳兽的视野非常开阔。

　　春季，群岛的草原上随处可见这种身披银色皮毛的小生物。成群的飞耳兽随风飘扬，翩翩起舞，形成类似水面波光粼粼的壮丽奇观。

　　对这种动物来说，起飞并不算难事，但要准确控制着陆点就是另一回事了：如果俯冲时速度过快，飞耳兽就会失去平衡，鼻子朝天地狼狈摔倒。

千鼻风琴兽

学名：*Rhinochilopus musicus*

大小：体长 2 米
体重：100 千克
栖息地：热带雨林、林间空地
分布地：哈伊艾伊群岛

梦幻花鼻兽

学名：*Corbulanasus longicauda*

大小：身高 30 厘米（尾巴直立时）
体重：20 克
栖息地：平原
分布地：哈伊艾伊群岛

管乐之兽

这种独来独往的动物谨小慎微，隐居在哈伊艾伊群岛的森林深处。虽然体形庞大，却总藏身在植被中，以小昆虫和浆果为食。

然而，当交配的季节来临，这位害羞的隐者便摇身一变，成为魅力四射的音乐家。平日里用于行走和捕食的 38 个鼻子此时也成了一件求偶专用的管乐器。为吸引雌性，雄性匍匐在地，使尽全力地呼吸，奏响醉人的乐曲。这支曲子前奏缓慢，接着越来越快，直到成为一首激情似火的伦巴舞曲。当千鼻风琴兽演奏到神志恍惚的时候，这场音乐会也达到了高潮。

掩人耳目的"肉食植物"

梦幻花鼻兽用自己长长的尾巴站立，长时间保持静止，看上去和真正的花朵毫无二致。它的面部长着六只花瓣状的鼻子，嘴巴中能吐出玫瑰味的香甜气息。这天衣无缝的伪装足以骗过每一只打算栖息在花朵上的小虫。

有时，这种动物会不幸患上重感冒。一旦发生传染，整个群体就会跟着遭殃：它们会止不住地吸鼻子、打喷嚏，伪装失效的结果是，变成猎食者的腹中美餐。

曾经，哈伊艾伊群岛的孩子们会玩这样一个游戏：仔细观察花朵，并辨认哪些是由梦幻花鼻兽伪装而成的，找得最多最快的就算赢。

甘贝鲁

学名：*Ursus caoutchoucus fulgens*

大小： 肩高 1.3 米
体重： 300 千克
栖息地： 温带森林
分布地： 美国西北海岸

易燃易爆的熊

甘贝鲁是一种无毛的灰熊，皮肤呈橡胶质感，分布在美国西北海岸的雪松林中。绝大部分时间它都躲藏在巨大的树干里，只有在需要觅食的时候才现身，对在领地上出现的人和动物发动攻击。

甘贝鲁的皮肤弹性十足，比大象更为坚韧，甚至可以弹开攻击者对其投掷的任何物体。这种橡胶皮肤的易燃性是甘贝鲁唯一的弱点。据说，在发生森林火灾时，有伐木工人听见了甘贝鲁在火中爆炸的声音。事后，这种动物便不知所终，只留下一股烧橡胶的刺鼻味道和遍地黑乎乎的碎片。

托坎迪亚

学名：*Bipedia anthropophagia*

大小： 体长 1.2 米
体重： 40 千克
栖息地： 热带雨林
分布地： 马达加斯加

两腿的四足兽

托坎迪亚来自中国，随船来到马达加斯加岛，至今依然能在岛上的森林里看见它的踪影。

这种夜行动物拥有独一无二的形态：它的身体由一前一后两条腿支撑，前腿位于其前胸处，后腿位于其下腹部。

目前还没有人研究出这种动物如何移动，并且速度快得超乎想象。据推测，它或许只有达到一定速度才能保持平衡。此外，更加不可思议的是，这种动物在地上留下的前脚脚印和后脚脚印总是重叠在一起，托坎迪亚因此得名（在马达加斯加语中，"托坎迪亚"意为"只有一个脚印"）。

除了外形奇特，托坎迪亚食人肉的嗜好也使人胆战心惊。

西朗斯

学名：*Canis nasus melodius*

大小：肩高 50 厘米
体重：30 千克
栖息地：沼泽
分布地：里海和黑海周边

惑鸟之犬

　　很久以前，西朗斯生活在里海以及黑海周围的沼泽地里。它是野狗的近亲，披着一身洁白皮毛，脖子上环着鲜红的长毛领，口鼻又尖又长。

　　西朗斯是一名音乐家。当它呼吸时，空气流过鼻腔上的小孔，奏响长笛般的美妙音律。西朗斯调整呼吸的强弱，就可以轻而易举地奏出各式各样的曲调。

　　西朗斯的音乐会吸引其他哺乳动物和鸟类纷纷前来欣赏。动物们沉醉于笛声，不知不觉将面前这位音乐家是食肉动物的危险事实抛诸脑后。当西朗斯专注于演奏时，并不太把围观者放在心上。过不了多久，狩猎的本能就让它本性毕露——它会以风驰电掣之势冲向这些毫无防备的猎物，将它们一扫而光。

塔拉斯奎

学名：*Hexapedis tarasconi*

大小：体长 2.5 米
体重：1 吨以上
栖息地：湿地
分布地：法国塔拉斯孔城市周边

六脚巨龙

　　长久以来，人们都误以为塔拉斯奎属于龙族，它曾在法国南部的塔拉斯孔城中现身，制造了恐慌。

　　然而，一项动物研究表明，塔拉斯奎和龙族并无关系。这种六足生物具备了哺乳类幻想动物的特征：雌性塔拉斯奎腹部下方长着十二只哺育幼崽的乳房。而且，它背上的硬壳布满鳞片，与其说像龟，不如说和犰狳更加相似。除此之外，塔拉斯奎口喷火焰的说法也是人们的误解：那其实是它从臀间射出的某种易燃气体，作用和前文的波纳孔喷出的有毒液体类似。

啊啊啊啊！

比翼鸟

学名：*Hirundo uniala apollinarii*

单翼之鸟

这是一种来自中国的稀有动物。使这种动物闻名西方世界的并不是科学家，而是法国诗人纪尧姆·阿波利奈尔，他在自己创作的诗中提到了这种忠诚的小鸟。比翼鸟乍一看和燕子很相似，但它一爪一翼的奇妙外观是独一无二的。

比翼独自一只时无法飞翔，这种奇特的模样让它在陆地上的生活也困难重重。它们一生的追求便是找到属于自己的伴侣——不为繁殖，只为比翼齐飞的那一天。需要注意的是，目前没有任何科学研究证明比翼鸟的性别与翅膀的左右位置有关。

大小： 翼展 35 厘米（合体状态）
体重： 20 克（独自状态）
栖息地： 天空、草丛、沼泽
分布地： 中国

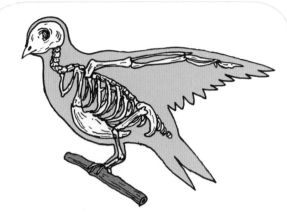

❶ 比翼鸟用那仅有的一只小爪子蹦跳着移动。因行动不便，很容易成为捕食者的猎物。我们将比翼鸟分为右旋比翼鸟和左旋比翼鸟两种。

❷ 右旋比翼鸟和左旋比翼鸟在结成伴侣之后才能飞翔。

❸ 合体成功后，比翼鸟终于可以展翅高飞，与另一半有福同享、有难同当。

图 7：比翼鸟骨骼结构图

阿西波布

学名：*Aves cacator thesaurus*

大小：身高 60 厘米
体重：约 12 千克
栖息地：沿海地区
分布地：马达加斯加

琥珀排放者

　　阿西波布是一种在马达加斯加岛及周边岛屿随处可见的海鸟。它们体形和鹅相似，迈着沉甸甸的步伐，大脑袋上戴着绚烂的羽冠。这种美丽的鸟儿在沿海地区栖息繁殖，有时出海觅食，有时飞回海岩小憩。

　　从 17 世纪开始，冒险家们千里迢迢，跋山涉水，来到岛上，只为花上几个小时观赏这种动物排泄的奇景。他们发现，阿西波布的粪便在经过几天的阳光炙烤和月光冷却后，就会凝成白色、灰色或黑色的琥珀，可以拿来制成药材、珠宝或醉人的香水。一些阿西波布粪便研究员就曾卖掉十几个巨大的粪便，赚了个盆满钵盈。

波山

学名：*Galus ignicans*

大小：身高最高可达 1.5 米
体重：约 30 千克
栖息地：竹林
分布地：日本南部

火嘴之鸡

　　几十年以前，日本南部村庄的人们常能在天黑后看到波山的踪迹。现如今，拜城市光污染所赐，这种"大型鸡"只能远远地躲藏在竹林里。不过，它让附近的居民过耳不忘的打鸣声还是一传千里，于是得了个绰号"婆娑婆娑"。

　　不仅叫声独特，这种夜行动物的消化系统也让人目瞪口呆：波山的胃消化食物时产生的气体会从口中冲出，遇到空气的瞬间自燃。火光照亮了黑暗中的波山，人们才得以惊鸿一瞥。复杂的消化系统造成了这种"火嘴"，也使它的肉和臭鸡蛋一样难闻，这才让它逃脱成为盘中餐的命运。

哇！

食金鸟

学名：*Rapax resplendens*

大小：翼展 1.7 米
体重：3.5 至 20 千克（根据消化状态而定）
栖息地：洞穴、矿场
分布地：智利的阿塔卡马沙漠地区

金属猛禽

在智利的阿塔卡马沙漠，遇见一只食金鸟是每一位淘金者梦寐以求的事。该地区矿产资源丰富，金矿和银矿为食金鸟提供了食物。正是这独一无二的食性形成了食金鸟令人目眩神迷的外观——在消化过程中，食金鸟会生成一种化金酶，化金酶让它的羽毛在黑夜中也能闪闪发光（金光还是银光根据吃进去的金属而定）。

食金鸟宽大的翅膀可以助它飞上九霄云外，但在金属未完全消化之前，食金鸟只能留在地面，无法起飞。

罗克鸟

学名：*Aquila mega gigantea*

大小：翼展最宽可达 15 米
体重：1.5 吨以上
栖息地：山区、悬崖
分布地：印度洋群岛、南海群岛

来自印度洋的壮观巨鸟

曾有水手在印度洋迷失方向，登上一座荒岛时，无意间发现了这种身高超过两米的巨鸟，人类在它面前渺小得如同一只小鸡。

罗克鸟成年后的尺寸十分惊人，堪称地球上最大的鸟类，一片羽毛有棕榈叶般大小。

罗克鸟的食欲与它的体形是成正比的：它会以意想不到的速度将岛屿上的资源消耗得一干二净。因此，罗克鸟必须不断迁徙，更换住所。正因如此，在非洲大陆上曾有人目击到，有罗克鸟正在——追杀大象！

啊——

狮鹫

学名：*Gryphus hyperboreus*

飞翔的猛兽

　　狮鹫是一种有翅膀的猛兽，后半身为狮，前半身为鹰，于5000年前在伊朗初次现身。从那之后它几经迁徙，东至喜马拉雅山脉，西至爱尔兰。在古希腊时代，大部分狮鹫都生活在亚洲中部的大山里，以及被称为许珀耳玻瑞亚的极北之地。

　　这种桀骜不驯的猛兽对黄金有种近乎狂热的兴趣，它热衷于挖掘金子，并将它们藏于自己的巢穴。有时，会有当地人试图夺走这些宝藏，狮鹫便会毫不犹豫地发动猛攻。策马而来的勇士与狮鹫之间的好几场战斗都载入了史册，场场荡气回肠。这种令人望而生畏的猛兽灵巧如狮虎，凌厉如雄鹰，再加上那锋利的獠牙，更是所向披靡、无人能挡。

大小：肩高1.5米，翼展3米
体重：250千克
栖息地：天空、山区
分布地：许珀耳玻瑞亚、中亚

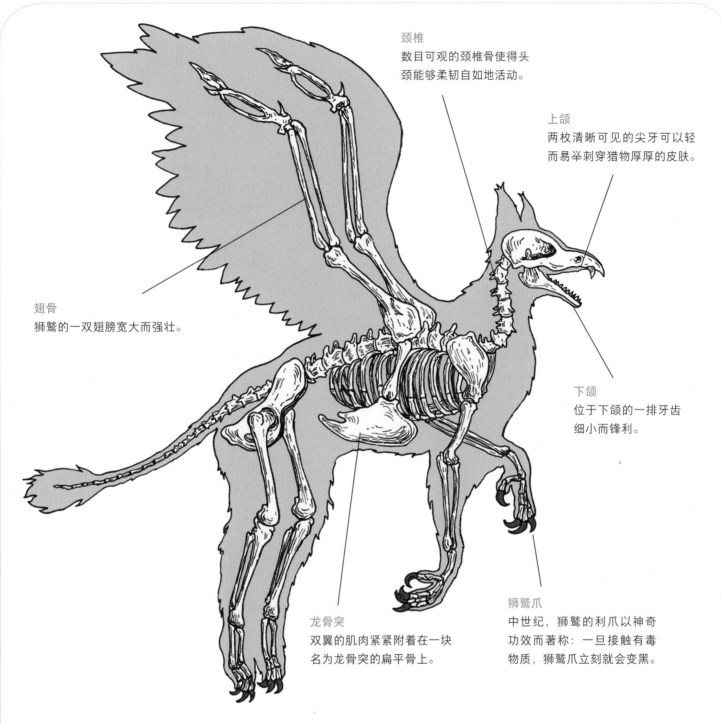

颈椎
数目可观的颈椎骨使得头颈能够柔韧自如地活动。

上颌
两枚清晰可见的尖牙可以轻而易举刺穿猎物厚厚的皮肤。

翅骨
狮鹫的一双翅膀宽大而强壮。

下颌
位于下颌的一排牙齿细小而锋利。

龙骨突
双翼的肌肉紧紧附着在一块名为龙骨突的扁平骨上。

狮鹫爪
中世纪，狮鹫的利爪以神奇功效而著称：一旦接触有毒物质，狮鹫爪立刻就会变黑。

图 8：狮鹫骨骼结构图

塞勒

学名：*Secator volans*

大小：翼展 4 米
体重：50 千克
栖息地：海底
分布地：北大西洋

巨型飞鱼

　　无论作为飞禽还是作为游鱼，塞勒都堪称一奇。通常情况下，它摆着那条巨大的鱼尾巴，蹬着一双脚蹼，在大海深处自由自在地遨游，只有在特殊情况下才会离开海底。它蹿向水面，强壮的尾巴使劲一甩，猛地跃出海面，与此同时双翅齐展，在迎面而来的海风中腾空飞起。

　　没有人知道塞勒离开栖息地的原因是什么。这种动物的性格似乎并不争强好斗。但有目击者声称，塞勒会浮出海面，赛跑般追逐船只和海鸟。一旦与船的距离拉近，它便会挥动那双覆盖着尖锐鳞片的锋利翅膀，拍倒桅杆，扯坏船帆，把船翻个底朝天。

埃塞俄比亚天马

学名：*Pegasus aethiopae*

大小：肩高 1.5 米
体重：250 千克
栖息地：天空、草原
分布地：埃塞俄比亚

天马家族

　　天马属于迁徙动物，并且大部分能进行长距离的迁徙。在天马家族的传说中，最常见的种类每年都会跋涉好几万公里的路程。这种飞行兽一年中的绝大部分时间都在印度北部度过，当严寒降临时就迁去南欧。古希腊人曾有过成百上千匹天马齐飞的记载，那场面遮天蔽日，无比壮观。

　　埃塞俄比亚天马属于天马家族中被单独分出的一支，特征为头骨顶端长有一对犄角。与其他可被人类驯化骑乘的同类相比，埃塞俄比亚天马的个性如野马般刚烈，桀骜难驯。

咕嘟
咕嘟

嘿呀！

鹿鹰兽

学名：*Peritio peritio borgesii*

大小：肩高 1.3 米，翼展最宽可达 2.8 米
体重：180 千克
栖息地：天空、沿海地区
分布地：大西洋

灾难飞鹿

关于鹿鹰兽如何飞行的记载极为稀少，只有作家博尔赫斯记录了那骇人的景象：成千上万的鹿鹰兽铺天盖地地尖叫着，扑扇着翅膀，那场面混乱无比，震耳欲聋。

与鹿鹰兽在地面上所带来的灾难相比，这区区噪声根本不值一提。这些饥肠辘辘的巨大飞鹿四处肆虐，将所及之处的一切植被和生灵都破坏殆尽。

这种动物究竟从何而来？是什么致使它们在欧洲胡作非为？其实鹿鹰兽诞生于大西洋另一端的偏远之地，成为欧洲的入侵物种应当纯属意外。

沃尔珀丁格

学名：*Lepus Volans bavaricus*

大小：体长 60 厘米
体重：5 千克
栖息地：温带森林
分布地：德国巴伐利亚

无法飞翔的有翼野兔

巴伐利亚的森林以一种长有翅膀和角的怪异"野兔"而闻名。由于这种动物很少离开洞窟，因此鲜少有人能发现它的踪迹。根据现有目击者的说法，沃尔珀丁格的翅膀并不能起到飞行的作用。雄兔的翅膀多用于求偶或恐吓敌人。为此，它会用后腿站立（好让自己显得雄伟些），孔雀开屏般展开那五光十色的羽翼，并且发出带有威胁意味的长鸣。

时至今日，人们依然会在夜间狩猎沃尔珀丁格。巴伐利亚人会告诉游客，虽然这种动物性格危险又好斗，但只有在受到威胁时才会发动攻击。它的尖牙会让被咬伤者痛苦万分。

咔嚓

中国龙

学名：*Draco sinae*

鳞虫之长

    中国的疆土上分布着各种各样的龙，它们颜色各异，栖息地也不尽相同。有些龙生活在河流之中，或地表之下；有些龙则离开了海陆，更喜欢在空中翱翔。人们普遍接受的龙的形象是：角似鹿、头似驼、颈似蛇、鳞似鱼、爪似鹰。它们舞动着修长的身体，在云雨之间穿梭自如，神出鬼没。龙的鸣叫仿佛来自九霄云外的喧嚣锣鼓，不过无须担心，它们并不会打扰人类的安宁。

大小：体长最长可达 9 米
体重：600 千克
栖息地：水中、陆地、天空
分布地：中国

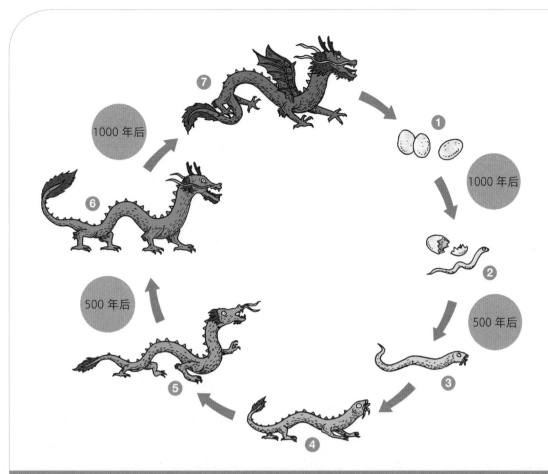

中国龙的生命周期漫长而复杂。

❶ 雌龙在河边掘洞，在洞中产下色泽缤纷而闪亮的龙蛋。

❷ 在经过漫长的 1000 年后，龙蛋孵化完毕，蛇般的小龙破壳而出。

❸ 500 年后，小蛇逐渐变身：头部变成鲤鱼的模样，长长的身体布满鳞片。

❹ 接着，小龙开始长胡须，并长出四条腿来。

❺ 此时龙的听觉尚未发育。

❻ 又是 500 年过去，龙才能通过犄角听见声音。

❼ 1000 年之后，背上长出翅膀。此时发育完成，这雄伟的神话生物终于得以翱翔九天。

图 9：中国龙生命周期图

39

皮亚萨

学名：*Draco illinis*

掠杀之龙

很久以前，北美伊利诺伊印第安部落的人常年饱受某种巨兽摧残之苦，他们将其命名为皮亚萨。这种庞大的飞龙几乎遮盖整个天空，从高处虎视眈眈地寻找着猎物。

超过 5 米的翼展宽度让皮亚萨俯冲向目标的速度快如闪电，紧接着，它会用那双黑色利爪紧紧钳住猎物，将其带到位于密西西比河畔悬崖峭壁边的巢穴中，再大快朵颐。根据有幸逃出魔爪的幸存者描述，皮亚萨扇动翅膀、挥舞长尾时会发出让人胆寒的巨响，而它那可怕的头颅上长着一对鹿角。

大小：翼展 6 米
体重：500 千克
栖息地：洞穴、悬崖
分布地：美国伊利诺伊州密西西比河沿岸

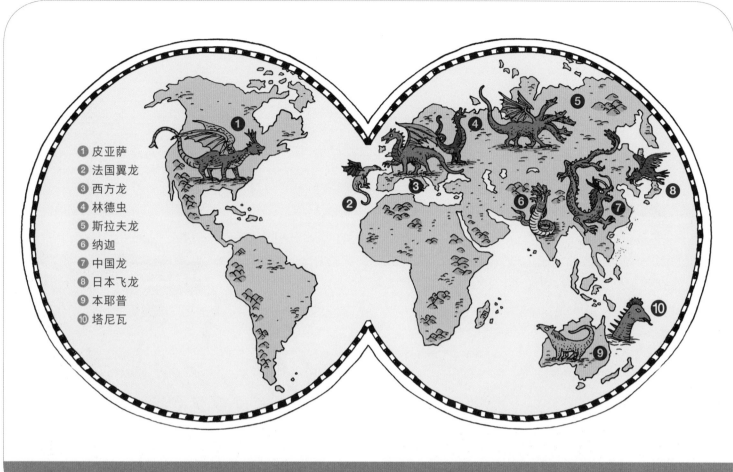

1 皮亚萨
2 法国翼龙
3 西方龙
4 林德虫
5 斯拉夫龙
6 纳迦
7 中国龙
8 日本飞龙
9 本耶普
10 塔尼瓦

图 10：龙族分布图

西方龙

学名：*Draco occidentalis*

大小：肩高 2.2 米
体重：最重可达 2.5 吨
栖息地：洞穴、地下
分布地：法国、意大利、西班牙

日本飞龙

学名：*Draco japonicus*

大小：身高 1.1 米
体重：25 千克
栖息地：温带森林
分布地：日本

声名显赫的家族

　　西方龙是欧洲最负盛名、最具代表性的龙族物种。这种使人叹为观止的生物长有四只极为锋利的巨爪和一双气势磅礴的膜状翅膀。西方龙是独居动物，这种不畏孤独的勇士拥有敏锐的视觉，以及能让它口喷烈焰的唾火腺。

　　中世纪时期，人们打着西方龙对人类有害的旗号对它们大肆猎杀，屠龙成了展现英雄气概的"勋章"。再加上龙族本就稀少，进一步增强了人们将其赶尽杀绝的信心。然而，这种屠杀的真正原因是——有传闻称，龙族常年看守着洞穴中的宝藏。如今，这一说法被证明是谣言：它们只是守在洞口，保护自己的孩子们不被入侵者伤害。最后幸存的西方龙早已躲回远离人类的地底深处，以求安宁。无人再见过它们的踪影。

恶兆飞龙

　　当日本飞龙在遥远的空中翱翔的时候，很难分辨出它和一般大鸟的区别。如果凑近细看，就会发现它身上并没有羽毛，而是覆盖着长长的、闪亮的鳞片。它的脸上总带着龙族特有的凶狠表情，拖着两条长长的胡须，长着两条浓密的眉毛和一对尖尖的耳朵。此外，它那低哑的吼声也暴露了它属于龙族这一事实。

　　日本飞龙喜独居，也嗜酒。为此，它总是试图接近人类的居住地，方便讨一口酒喝。这种动物神志清醒的时候还算得上没有危害，但只要喝得烂醉，就会变得易怒又多愁善感，醉醺醺地四处哼唱经典老歌。在过去的日本，这种歌声一度被视为灾难降临的征兆。

法国翼龙

学名：*Draco carbunculosus*

大小：身高最高可达 1.2 米
体重：40 千克
栖息地：沼泽、河流、洞穴
分布地：法国东北部

三目之龙

　　法国翼龙体形较小，出没于法国东北部的数个地区。如果所居住的沼泽地过于偏僻，它们也会铤而走险，潜入人类聚集区，泡进井水或泉水中洗澡。那蜥蜴状的身体与蛇一样的尾巴使它在游动时如鱼般灵活，同时也可以挥动宽大的翅膀，飞上蓝天。

　　与雄龙不同的是，雌龙的额头上长着第三只眼睛。这只眼睛对太阳和星星的光线异常敏锐，能为翼龙在飞行过程中辨明方向。很久以前，人们误以为这只色泽鲜红的眼珠正是被称为夜光石的珍宝。于是，被欲望冲昏头脑的人便对翼龙展开猎杀，渴望将传说中的"红宝石"收入囊中。

斯拉夫龙

学名：*Draco cerberus*

大小：肩高 2 米
体重：最重可达 2 吨
栖息地：山区
分布地：乌克兰

多首之龙

　　斯拉夫龙分布在横跨中东欧的喀尔巴阡山脉中，长着三个、七个乃至十二个头颅。各项研究均表明，龙头的数量与雌龙产卵时所处的海拔高度密切相关：在海拔 2500 米以上的高地，斯拉夫龙的头颅数量多达十二个。

　　与斯拉夫龙交过手的勇士发现这种生物堪称金刚不坏：哪怕被砍下好几个头，它依旧勇猛无比。斯拉夫龙自愈能力极强，伤口流出的血液会迅速凝结，被割掉的头颅也会神奇地再生。新长出的龙头通常较小，颜色也与之前不同。

　　欧洲南部还生活着另一种多头龙，名为海德拉。海德拉的再生能力与斯拉夫龙一样，不过被砍掉的头颅会翻倍地长出来。

嘿呀！

毛龙

学名：*Draco villutus*

剧毒毛刺

    这种两栖动物身上覆盖着超乎寻常的茂密毛发，因此得名"毛龙"。那些坚硬而浓密的绿色毛发其实是无数密密麻麻的有毒尖刺，一旦被扎到就会引发致命的过敏反应。毛龙栖息在法国北部的河流和小溪中，与绿植完美地融为一体，远远看去就像个巨大的多刺灌木丛。

    一旦察觉有人靠近，这头巨兽便会立即进入警惕状态，并伸展那雄伟的头颈，彰显自己龙族的本性；紧接着它就会喷出火焰，剧毒的尖刺像箭雨一样纷纷落下。这时再想逃脱，为时已晚。

大小：肩高 1.6 米
体重：1.4 吨
栖息地：河流、洞穴
分布地：法国北部

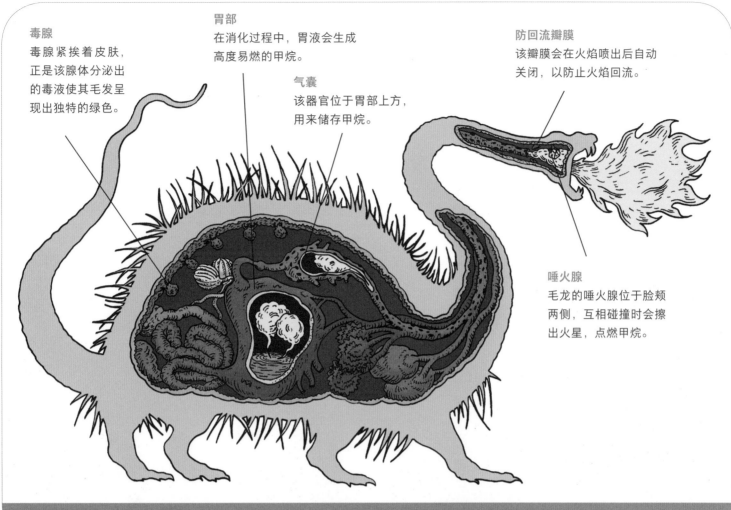

毒腺
毒腺紧挨着皮肤，正是该腺体分泌出的毒液使其毛发呈现出独特的绿色。

胃部
在消化过程中，胃液会生成高度易燃的甲烷。

气囊
该器官位于胃部上方，用来储存甲烷。

防回流瓣膜
该瓣膜会在火焰喷出后自动关闭，以防止火焰回流。

唾火腺
毛龙的唾火腺位于脸颊两侧，互相碰撞时会擦出火星，点燃甲烷。

图 11: 毛龙消化与毒素系统解剖图

林德虫

学名：*Draco bipedis sepulcralis*

大小：体长 4.5 米
体重：600 千克
栖息地：河流、墓地
分布地：奥地利、德国

纳迦

学名：*Draco polycephalus*

大小：体长 4 米
体重：450 千克
栖息地：洞穴、地下河
分布地：印度

墓地清道夫

　　长期以来，林德虫一直被误以为是西方龙的一种。虽然它们都属于龙族，但这两个物种本质上截然不同。林德虫是一种两栖动物，生活在河流中。这种无翼的两足龙体形有大有小，以腹部贴地爬行，有时也会用两脚支撑站立。

　　林德虫同样是肉食动物，经常离开栖息地，捕猎牛羊为食。它偶尔会造访墓地，掘出地下的人类尸体吞食，"墓地清道夫"的外号因此而来。不寻常的饮食结构让这种动物浑身散发着令人作呕的臭气。

　　很久以前，林德虫曾遍布中欧及北欧的各地山区。经过中世纪屠龙骑士圣乔治的猎杀之后，最后的幸存者便逃到了不为人知的大山深处，从此不再露面。

深水神龙

　　在印度，巨大湖泊与河流的深处，那最接近地心的深渊里，居住着纳迦。它们过着群居生活，每一块领地都由一位最为年长的纳迦领导。这种生物的下身类似大型爬行动物，上身长着多个头颅：头颅的数量随着年龄增长而增加。例如一头 500 多岁的老纳迦，就拥有足足 100 个头颅。

　　有的时候，纳迦会离开地底一路上游，浮上水面。当它们将头探出水面时，发出的嘶鸣震耳欲聋，像是十几口高压锅齐声作响，场面惊人。

　　纳迦来到陆地上，就会喷吐着重重的鼻息，将水喷洒向四面八方。喷出的水柱强劲有力，形成一场倾盆大雨。

塔尼瓦

学名：*Draco giganteus subterraneus*

大小：体长最长可达 30 米
体重：70 吨
栖息地：海域、洞穴、地下
分布地：新西兰

体形最大的龙

　　塔尼瓦是一种长达 30 米的巨型生物，是新西兰特有的物种。这种两栖类四足动物的身体上覆盖着厚厚的鳞片，尖锐的硬刺从整个背脊一直延伸到后颈，雄性的硬刺色泽尤为鲜艳。

　　塔尼瓦通常居住在靠近岛岸的海域，不过它们很少直接上岸。它们热衷挖掘隧道，从海里一直挖到岛屿腹地。不过，塔尼瓦的挖掘技术很容易伤及树根，导致滑坡。

　　如今，塔尼瓦们安居在自己挖出的长长的海底隧道中。新西兰的原住民毛利人反对各种需要钻地的工程，因为发出的声响会惊扰到这些巨型邻居。

本耶普

学名：*Draco maritimus australis*

大小：体长 4 米
体重：500 千克
栖息地：沼泽、河流
分布地：澳大利亚

澳洲神龙

　　龙族中有一位鲜为人知的成员，名为本耶普。它是一种来自澳大利亚的两栖类四足动物，满身鳞片，长着一条鳄鱼的尾巴；它的口鼻又尖又长，像极了鸟喙；它的脑后长着飘逸的鬃毛，一直拖到背上。

　　本耶普生活在沼泽与河中，以捕鱼为生。当食物短缺的季节来临，它们就会集体迁徙，寻找新的居住地。这种声势浩大的迁徙活动会使水位突然改变，引发洪水。

　　由于人类扩张越发迅猛，以及日渐严重的水污染，属于本耶普的领域越来越小，它们不得不搬离原住地，逃往远方。

欧洲鸡蛇

学名：*Basiliscus foetidus*

蛇丁兴旺的大家族

　　鸡蛇那神奇的踪影遍布世界各国，集鸟禽与蛇类的特征于一身，并带有剧毒。起初，人们在利比亚发现了第一只鸡蛇：它看起来像一条会飞的小蛇。然后非洲出现了一种被当地人称为尹科密的生物：它拥有蛇的身体，头上却长着鸡冠，并且还会和公鸡一样打鸣。智利的鸡蛇共分为两种：吸血蛇（参见第 58 页）和克乐克乐（一种鸡头蛇身的生物，身上披着羽毛）。在欧洲，鸡蛇主要分布在法国，外表看上去像一只拖着蛇尾巴的公鸡。

　　这些鸡蛇几乎都有一种可怕的能力：一旦与其对上眼，它就会用目光将人迷惑，并从口中喷出致命的毒气。

大小：身高最高达 70 厘米
体重：6 千克
栖息地：温带森林、草原、花园
分布地：欧洲

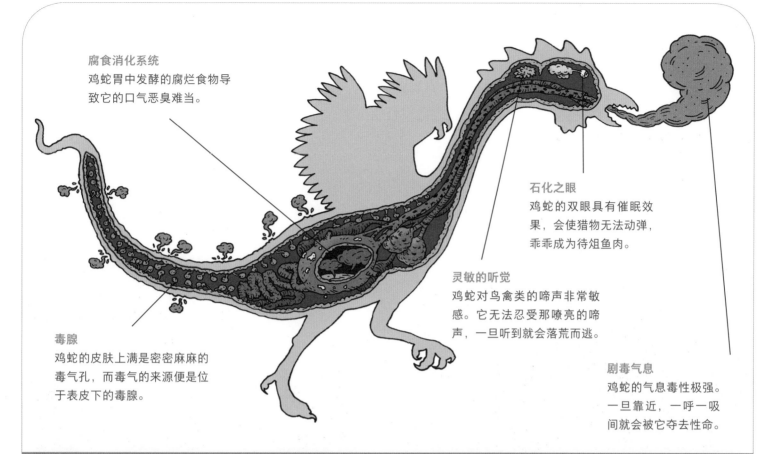

腐食消化系统
鸡蛇胃中发酵的腐烂食物导致它的口气恶臭难当。

石化之眼
鸡蛇的双眼具有催眠效果，会使猎物无法动弹，乖乖成为待俎鱼肉。

灵敏的听觉
鸡蛇对鸟禽类的啼声非常敏感。它无法忍受那嘹亮的啼声，一旦听到就会落荒而逃。

毒腺
鸡蛇的皮肤上满是密密麻麻的毒气孔，而毒气的来源便是位于表皮下的毒腺。

剧毒气息
鸡蛇的气息毒性极强。一旦靠近，一呼一吸间就会被它夺去性命。

图 12：鸡蛇解剖图

水跃蛙

学名：*Rana volatilis*

大小：身高 30 厘米，翼展 70 厘米
体重：2 千克
栖息地：沼泽、池塘
分布地：英国威尔士

飞天蛙

几个世纪以来，英国西部的威尔士沼泽生活着一种神奇的两栖动物。它们的外形类似巨型青蛙，不过没有腿，却长着一双蝙蝠一样的膜状翅膀，身后拖着一条长有螫针的蜥蜴尾巴。

这种动物虽然会飞，不过更喜欢待在水中，静静地等待猎物上门。一旦目标出现，它便会猛地甩动尾巴，全速跃出水面，"水跃蛙"正是因此得名。接着，水跃蛙展开双翅，借助惯性能够在水面上方持续滑翔数分钟。这种蛙胃口极大，且对鱼来者不拒，成了当地渔民的最大竞争对手。

吸血蛇

学名：*Basiliscus americanus*

大小：体长 1.3 米
体重：300 克
栖息地：森林
分布地：智利

吸血鸡蛇

吸血蛇又被称为智利鸡蛇，它们很有可能是欧洲鸡蛇的后代，在 16 世纪时偷偷登上驶往新大陆的渡船，来到智利，繁衍生息。

刚出生时，这种动物看似与普通的蛇并无二致。随着一天天长大，它的皮肤上长出了一层鳞片般的绿色羽毛，同时上身的那双短翅膀也逐渐成形。

当夜幕降临时，这条长着翅膀的小蛇就会在树林间悄无声息地游走，发出"噼里噼里"的尖锐嘶鸣。在这场属于吸血蛇的狩猎游戏中，当听到这种嘶鸣声的动物惊慌地反应过来时，往往只剩下最后几秒的时间。一旦锁定目标，吸血蛇便会猛扑上去，将利齿狠狠扎进猎物皮肉，贪婪地吸食鲜血，直到猎物一命呜呼。

双头蛇

学名：*Amphisbaena bicephala*

大小：体长 2.5 米
体重：1~2 千克
栖息地：沙漠
分布地：利比亚

两头的爬行动物

上古时代，在利比亚时常可以捡到蜕皮，它属于一种奇怪的两栖类爬行动物——双头蛇。它看起来细细长长，布满鳞片，身体两端分别长着一个头颅。

这超乎寻常的身体构造当然不乏好处：两个头不仅可以同时顾及身前身后，而且可以各司其职。当一个头休息时，另一个头就会负责巡视。当然，它们也是这位猎手强大的武器：当对猎物发动进攻时，两个头可以将其同时咬住，使猎物无路可逃。

不过，凡事都无法十全十美。如果两个头之间起了冲突，双头蛇便只能僵在原地，等到其中一个头夺回身体操控权之后才能继续行动。

塔佐蠕虫

学名：*Serpentes felis helveticus*

大小：体长最长可达 2 米
体重：20 千克
栖息地：山区
分布地：瑞士境内阿尔卑斯山地区

51

利爪蠕虫

长久以来，阿尔卑斯山上的牧民们都认为在山中藏着一种可怕的怪兽，他们将其称为利爪蠕虫（当地方言发音为"塔佐蠕虫"）。这种猛兽有着蛇类的身躯，全身布满褐色与绿色的鳞片。它的头全然不似爬行动物：那分明是一颗长着獠牙的、猫科动物的头颅。

塔佐蠕虫生活在陡峭的山区，绝大部分都一动不动地埋伏在巨大的岩石之间，悄无声息地等待猎物上门。一旦时机成熟，这位心机深重的猎手就会猛然一蹬双腿，如离弦利箭般跳向目标。可怜的受害者根本来不及反应，只能看到两只又大又亮的猫眼睛出现在面前，然后便命丧黄泉。至今还没有任何生物能从塔佐蠕虫的利爪和尖牙下幸存下来。

嘶嘶嘶　　嘶嘶嘶　　啊啊！

扎拉坦巨龟

学名：*Aspidochelon oceani*

沉睡之岛

扎拉坦巨龟是一种体形极其庞大并且寿命长久的海龟，它可以潜入深海，也喜欢跟随海浪漂流。在这种动物的世界里，时间的流逝速度极为缓慢。

世界各地关于扎拉坦巨龟的说法大同小异。这些故事总是始于汪洋之中的一座小岛，登岛暂留的水手们准备生火烧饭。然而在蒸腾的热气与喧闹声中，岛屿缓缓从长眠中苏醒过来，连带着措手不及的水手与他们的船只，一起沉入海中。

大小：体长 80~150 米
体重：不可考
栖息地：海洋
分布地：南太平洋，南大西洋、印度洋

图13：扎拉坦巨龟生命周期图

① 扎拉坦幼龟的龟壳看上去像一块巨大的石头。成年后，其直径可达 150 米。

② 扎拉坦巨龟的一生会度过许多个半冬眠阶段，在这加起来长达数十年的睡眠时间里，它在海中随波漂流，任由各种植被恣意生长，覆满甲壳。

③ 水手经常将扎拉坦巨龟误认成小岛。

④ 扎拉坦巨龟死去后，它的甲壳依然会在海中静静地漂流数个世纪之久。

⑤ 最终这甲壳会在海岸边搁浅，成为一座真正的岛屿。

马头鱼尾怪

学名：*Equus aquaticus*

大小：体长 3 米
体重：400 千克
栖息地：海洋
分布地：地中海

浪中骏马

几个世纪以前，地中海里居住着许多近似于混合兽的神奇动物。它们的下半身长着一条布满鳞片的长长鱼尾，上半身通常形似狮子、公牛或者公羊（这种上身羊下身鱼的生物被称为摩羯）。

而在这些形态各异的动物中，最为著名的便是马头鱼尾怪了。它集鱼和马的特征于一身，飞驰的速度堪称鬼神，那身影在海中乘风破浪，潇洒至极。

很久以前，人们曾误认为海马是马头鱼尾怪的后代。后来的科学研究表明，这两种生物之间毫无关系。

挪威海怪

学名：*Polypus giganteus*

大小：体长最长可达 60 米（触须完全伸直时）
体重：130 吨
栖息地：海洋
分布地：北大西洋、挪威海

巨型章鱼

挪威海怪的身躯庞大如山，终年在斯堪的纳维亚的深渊之底沉默而缓慢地徘徊。这个庞然大物会一年一度地从混沌中清醒，张开发出可怕光芒的双眼，离开海底升上水面。它的移动会在海中掀起滔天的巨浪，转瞬间就能把一艘大船吞噬。

浮上海平面后，挪威海怪会伸展开那数量可观的触须，它们仿佛成千上万的小岛漂浮在水中。一旦有船只不幸撞上，便立马被缠住并拖入水中。这一年一度的上浮也是海怪储备粮食的大好机会：它会张开大嘴，吸入附近的一切，那些大小不一的各种鱼类足够它享用上数十天。等潜回海底之后，它会再花上好几个月的时间将其慢慢消化完毕。

救命啊！

海洋蜈蚣

学名：*Scolopendrium millipedus aquaticus*

大小：体长超过 15 米
体重：2 吨
栖息地：海底
分布地：中国南海海域

海蛇

学名：*Ophiohydra camela*

大小：体长最长可达 20 米
体重：5 吨
栖息地：海底
分布地：主要在大西洋海域

深海千足虫

海洋蜈蚣栖息在中国南海海域，是一种身长超过 15 米的庞然大物。这种动物的身体由许多体节组成，每个体节背板上都长有一对鳍。这种节肢结构可以让海洋蜈蚣自如地进行各种波浪式运动，像过山车一样在海中上下翻飞。

一个世纪以前，时常有人见到海洋蜈蚣将头伸出海面，窥探四周。由于南海的海上运输流量日渐增长，这种古老的动物只好在海底游荡，终年不见天日。

海中霸主

除北冰洋之外，世界各地都有海蛇的身影出没。根据记载，这是一种细长的巨型生物，头颈部有海藻一般的鬃毛。实际上那属于皮肤的一部分，用于吸收氧气，以便延长海蛇在水中的停留时间。

海蛇和鲸一样需要定期浮出海面，通过头顶的气孔喷出水和气体来进行换气。海蛇显眼的换气过程很容易被水手看见，多数亲眼目睹此景的人会惊慌逃窜，但也不乏想要一探究竟的莽汉驱船追赶。不过这也是徒劳，因为海蛇会全速游走，一眨眼的工夫就消失在深海之中。

霍加

学名：*Piscis multicoloris*

湖中变色龙

在很久以前，一座名为泰美斯提坦的大湖坐落在墨西哥城附近。据法国外科医生安布鲁瓦兹·帕雷描述，在那美丽的湖水中，居住着一种全世界独一无二的生物，名为霍加。这种奇异的动物是湖中的主要捕食者，它的头部形似大狗，鼻子两边长着两撮胡须。这种动物对一种叫霍加的灌木的叶子情有独钟，因此被命名为霍加，后来的研究也证实了这一关联。

霍加拥有魔法般的能力：它的鳞片可以由绿色变为黄色或红色。这种行为被认为是它们与同类相互交流的方式，每一种颜色应当都具有不同的含义。可悲的是，随着泰美斯提坦湖的消失，这门色彩斑斓的语言也随之烟消云散了。

大小： 体长 1.8 米
体重： 120 千克
栖息地： 湖泊
分布地： 墨西哥

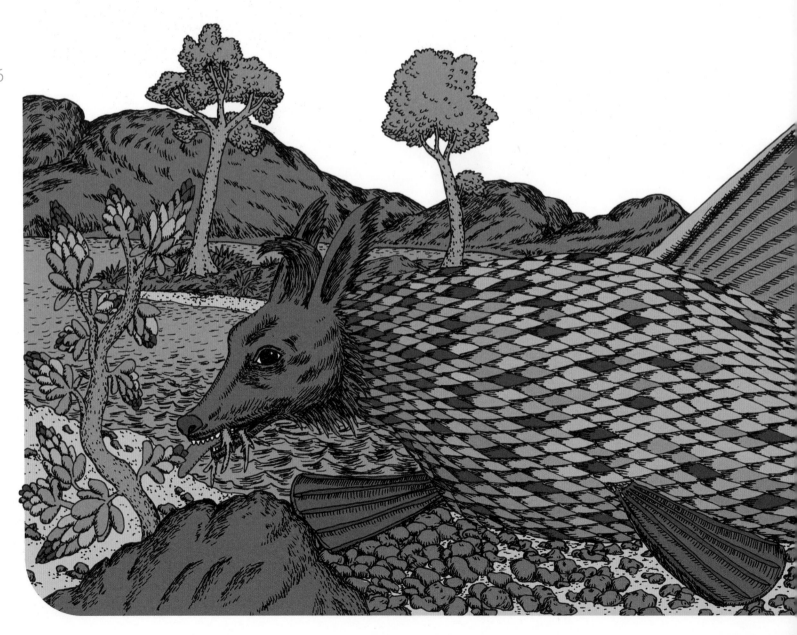

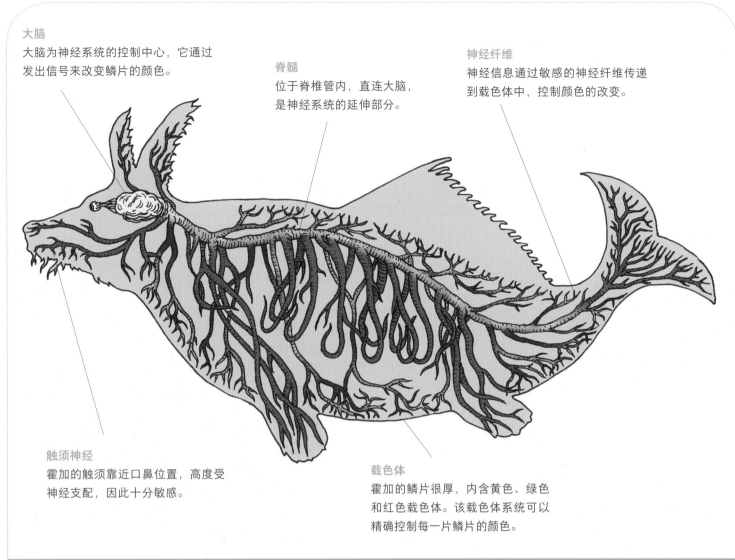

大脑
大脑为神经系统的控制中心，它通过发出信号来改变鳞片的颜色。

脊髓
位于脊椎管内，直连大脑，是神经系统的延伸部分。

神经纤维
神经信息通过敏感的神经纤维传递到载色体中，控制颜色的改变。

触须神经
霍加的触须靠近口鼻位置，高度受神经支配，因此十分敏感。

载色体
霍加的鳞片很厚，内含黄色、绿色和红色载色体。该载色体系统可以精确控制每一片鳞片的颜色。

图14：霍加神经系统与皮下组织图

狐蛇

学名：*Reptilis caudalofragilis*

大小：体长 1.6 米
体重：15 千克
栖息地：泥沼、池塘
分布地：智利

三爪之狐

狐蛇藏身于静水中，是一种让智利西部的人闻风丧胆的存在。狐蛇通常一动不动静静地趴在泥沼和池塘的水底，一旦有猎物经过，它会立刻蹿出水面，将那条长尾巴甩向目标，挡住对方去路，紧接着用尾巴末梢的三只利爪将其紧紧抓住，拖进旋涡之中。不过，只要不被踩到尾巴或被故意扔石头打扰，狐蛇便不会主动攻击人。

只有待在泥水里的时候，狐蛇才能张牙舞爪。一旦到了岸上，它就会冻得瑟瑟发抖，可怜巴巴地四处游荡，毫无还手之力。

水底豹

学名：*Leopolypus giganteus rex*

大小：体长 1.8 米（不含尾部）
体重：120 千克
栖息地：湖泊、河流
分布地：北美洲

湖中黑豹

在美洲大陆的北方领域，水下居住着一种被古老的印第安部落称为"水底豹"的黑豹。它的外形类似于一只浑身披满鳞片的大型猫科动物，头顶长着一对可观的角。正如其名，水底豹大部分时间都在水底畅游，鲜少出现在水面。当暴风雨天气来临时，这种动物在雷电和暴雨的刺激下会变得疯狂，以有力的蛇尾搅出惊涛骇浪，给经过的船只带来灭顶之灾。

如果仔细倾听，甚至能在电闪雷鸣中分辨出它的叫声：那声音既如黑豹咆哮，又像巨蛇嘶鸣，让人不寒而栗。

毛皮鳟鱼

学名：*Truttae villosa*

大小： 体长 30~40 厘米
体重： 最重可达 9 千克
栖息地： 河流
分布地： 北美洲

毛茸茸的鱼

  美洲大陆的北部还生活着数种毛茸茸的鱼类，统统被戏称为"毛皮鳟鱼"。通常情况下，这种动物看起来就是普通鳟鱼的样子。当室外温度降到零摄氏度以下的时候，除头部以外的身体部位就会长出厚厚的一层毛，帮助它在水中保持温暖，以抵御寒冬。当春天来临，这层毛发就会脱落，在身上留下形状奇异的条纹状绒毛。

  全球变暖极有可能破坏了毛皮鳟鱼的毛发系统，它们有的因冬天长不出毛而被冻死，有的因毛过于厚重而被活活热死。

加拿大湖怪

学名：*Ophiohydra lacusa americana*

大小： 体长 6 米
体重： 2.5 吨
栖息地： 湖泊
分布地： 加拿大

湖畔哨兵

  多年以来，美洲印第安人的传说中经常提到一种水生动物：它身居于美洲北方的大湖之中，顶着一个马头，身体如一条蜿蜒的长蛇。如今，在加拿大的十二座湖中依然可以看到湖怪的身影，每一只的名字都与它所居住的湖泊相关。譬如数个世纪以来屡次被目击的欧戈波戈，就时常在欧肯纳根湖出没。而尚普兰湖中孕育了另一种名为尚普的水怪，时不时会浮出水面，一展雄姿。此外，居住在门弗雷梅戈格湖中的门弗雷湖怪，也三番五次引起了附近居民的恐慌。

  随着好奇人士以及记者的涌入，当地颁布了保护湖怪的相关法令，以保护这些动物不受打扰。

蒙古死亡蠕虫

学名：*Vermis aureophilis*

戈壁滩杀人魔

时至今日，依然有一些鲁莽之徒试图前往戈壁深处探险，想要亲眼见证某种神秘而可怕的杀人魔——蒙古死亡蠕虫的存在。

贸然闯入沙丘去寻找那一米多长的红色大虫，实在算不上明智之举。蒙古死亡蠕虫对自己的领地时刻保持着非同一般的警惕，一旦有人或动物进入，那双灵敏的触角就会立刻探测出异常。它会猛地扑向入侵者并释放电流，使其陷入眩晕或瘫痪。紧接着，这种大虫会将那可怕的下半身探出沙地，吐出巨大的毒泡，在猎物面前爆裂开来。

啊啊啊！

大小：体长最长可达 2 米
体重：4 千克
栖息地：沙漠
分布地：戈壁沙漠

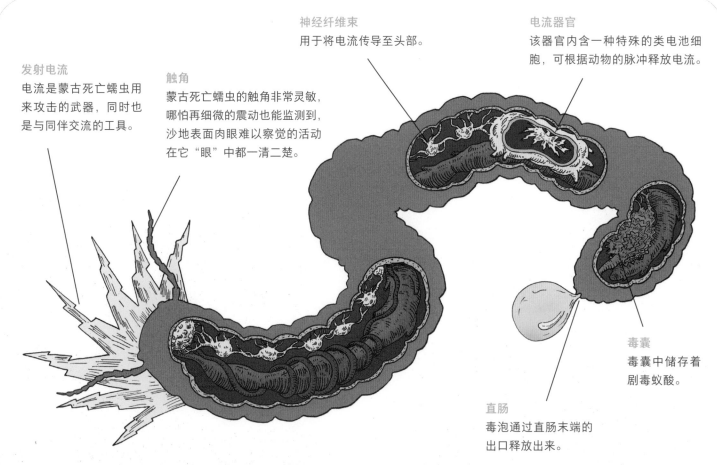

发射电流
电流是蒙古死亡蠕虫用来攻击的武器，同时也是与同伴交流的工具。

触角
蒙古死亡蠕虫的触角非常灵敏，哪怕再细微的震动也能监测到，沙地表面肉眼难以察觉的活动在它"眼"中都一清二楚。

神经纤维束
用于将电流传导至头部。

电流器官
该器官内含一种特殊的类电池细胞，可根据动物的脉冲释放电流。

毒囊
毒囊中储存着剧毒蚁酸。

直肠
毒泡通过直肠末端的出口释放出来。

图 15：蒙古死亡蠕虫神经与毒液系统图

蜗壳巨蛇

学名：*Helix carnivorus*

大小：体长最长可达 5 米
体重：350 千克
栖息地：地下洞穴
分布地：法国南部

巨型肉食蜗牛

正如其名，蜗壳巨蛇是一种巨大的腹足动物。它拥有长而黏腻的柔软身体，背中间驮着一只外壳，嘴巴周围长着无数根灵活的触须。

蜗壳巨蛇平常生活在四通八达的地下洞穴中，只有在需要猎食的时候才会来到地表。为了方便狩猎，它会将通往地面的洞口用各种树枝掩盖起来，然后整天整夜地躲在地洞深处，耐心等候猎物落网。一旦有不幸者落入陷阱，就会被它的触须瞬间卷走，然后被一口吞下。

除非是万不得已的特殊情况，否则蜗壳巨蛇并不会主动袭击人类。动物保护主义者声称，以爱好食用蜗牛闻名的法国人，终有一天会遭到应有的报应。

巨蚓

学名：*Vermis salivans*

大小：体长 25 米
体重：不可考
栖息地：地下洞穴
分布地：巴西

排山倒海的掘地工

在隔海相望的巴西远亲巨蚓面前，蜗壳巨蛇的体形相比之下可谓是小巫见大巫。巨蚓主要在巴西周遭的南美森林地下出没。这种浑身鳞片的黑色蚯蚓状动物体长可达 25 米，居住在地道纵横交错的庞大洞穴中。在挖掘地道时，巨蚓会把挖出的泥土悉数吞下，可能导致房屋坍塌、河流改道和洪水来袭等各种灾难。巨蚓也能在水中游动，并轻而易举地撞翻路过的不幸船只。

这种巨兽的每一次出行都会制造出惊天动地的动静。它经过的地方必定有被压倒的树木，以及一条又宽又长的黏液痕迹。就算巨蚓如此劣迹斑斑，也并不是导致亚马孙森林消失的罪魁祸首。

好吃　好吃　好吃　轰隆　喀啦

科尼波尼

学名：*Vermis maternum*

大小：体长 3~5 厘米
体重：8 克
栖息地：地下洞穴、马铃薯
分布地：智利奇洛埃岛

保姆虫

　　到了马铃薯收获的季节，奇洛埃岛上的妇女们会格外小心，以免不慎伤害了马铃薯中的小小居民：这种仁慈温柔的小虫堪称一笔宝贵的财富。如果有幸发现一只，可以将它带回家中帮忙照顾孩子。只需将其置于婴儿的枕下，科尼波尼发出的嗡嗡震动就可以让孩子平静下来，并安然进入梦乡。这种小虫所需要的并不奢侈，时不时喂食几滴牛奶就可以维持其生命。

　　有人尝试人工繁殖科尼波尼，但由于这种小虫过于稀少并且脆弱，只好作罢。

特兰努西

学名：*Sanguisuga foetida*

大小：体长 4 米
体重：180 千克
栖息地：河流
分布地：美国东北部

巨型蚂蟥

　　曾经，美国东北部的印第安人对河流中水的状态非常关注，唯恐一种诡异的现象发生：如果水面上开始冒出泡泡并形成一层厚厚的白色浮沫，这便是特兰努西即将现身的预兆。这种巨大的"蚂蟥"很少现身，但每一次露面都会带来难以预估的危险。这体味难闻的动物会向河岸边喷出浓厚黏稠的口水，不幸沾染到的人会逐渐陷入麻痹。特兰努西只需前去用黏糊糊的身体将其缠住，拉入水中，就可以慢慢享用从天而降的美餐。

　　至于那怪兽享用大餐的过程，印第安人从来不愿多谈一字。

植物羊

学名：*Agnus borometzus tartarii*

长在地里的绵羊

在中世纪，当西方的旅人经过中亚和东亚的偏远地区时，遇上会动的灌木丛已经算不上什么稀奇事了。乍一看，植物羊似乎像是长在强韧草茎上的一大团棉花，其实它是一种动物植物复合生物。这些长在地里的绵羊有非常旺盛的食欲，它们能将肥沃的牧场夷为荒地。不过，这种行为纯粹是自取灭亡：一旦食物消耗殆尽，植物羊也离饿死不远了。

这种生物的味道如蟹肉般鲜美，也有猪肉、牛肉的口感。只有当地人才知道如何烤制植物羊肉，他们绝不会将这祖传秘方外泄。

咔嚓
咔嚓

大小：肩高1米
体重：4千克
栖息地：草原
分布地：蒙古、中国

植物羊的种子像丝瓜一样细长，这些种子非常难获得，这也是植物羊难以种植的主要原因。

❶ 种进土里数周后，种子开始发芽。

❷ 接下来，植株上开出花朵，其中只有一朵会结出果实。

❸ 该果实可以食用，不过其粉红色的果肉基本无味。

❹ 成熟之后，果实外层就会长出一层柔软卷曲的绒毛，与新生羔羊十分相似。

❺ 随着时间推移，植物羊肉眼可见地开始移动，并且将头部倾向地面以便进食。这个时候，当地人就会剪下它身上的"羊绒"，用其制成华美的织物。

❻ 植物羊死后会变得干枯。与此同时，掉落的种子预备再发新芽。

图 16：植物羊的生命周期图

鸭梨

学名：*Bernacles fructifer*

结鸟之树

这种会结出鸭梨的小果树生长在苏格兰北部的沿海周边，它的果实一眼看去似乎只是形状奇异的梨子。只要凑近些观察，就会发现这些"梨子"的外层覆盖着一层纤维状的深色茸毛。该果实与树枝连接的部分会逐渐变硬、变长，最终成为鸟喙。如果鸭梨在未成熟前就从树上掉落，那么它将无法在地面上生活，因为它还不具备移动能力。成熟之后，鸭梨的外观便与普通野鸭无异。

中世纪时，苏格兰北部的人非常爱吃鸭梨肉，蒸、煮、炸、烤，淋以酱汁或原汁原味，都是上好的美味佳肴。由于很难将鸭梨归类为水果或鸟禽，所以无论是主菜还是餐后点心，都可将其作为食材。

大小：体长 30 厘米
体重：500 克
栖息地：沿海地区
分布地：苏格兰及周边岛屿

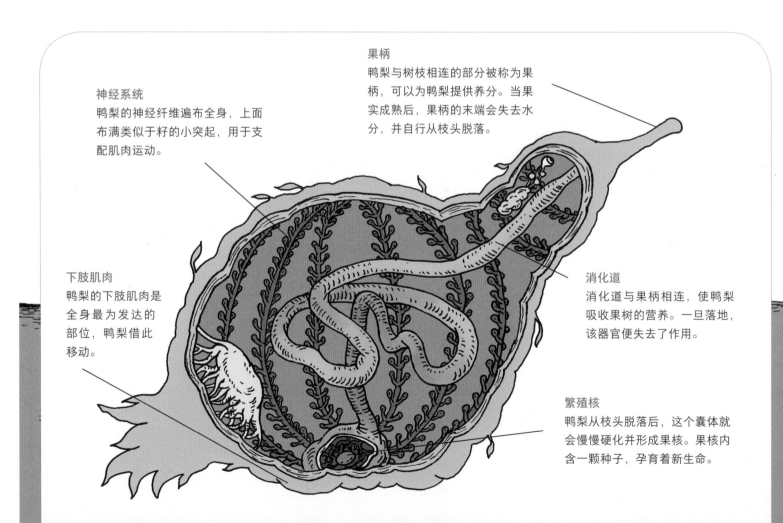

神经系统
鸭梨的神经纤维遍布全身，上面布满类似于籽的小突起，用于支配肌肉运动。

果柄
鸭梨与树枝相连的部分被称为果柄，可以为鸭梨提供养分。当果实成熟后，果柄的末端会失去水分，并自行从枝头脱落。

下肢肌肉
鸭梨的下肢肌肉是全身最为发达的部位，鸭梨借此移动。

消化道
消化道与果柄相连，使鸭梨吸收果树的营养。一旦落地，该器官便失去了作用。

繁殖核
鸭梨从枝头脱落后，这个囊体就会慢慢硬化并形成果核。果核内含一颗种子，孕育着新生命。

图 17：鸭梨解剖图

灵感来源——主要参考资料

本书的所有文字及图片内容均参考了幻想动物的文学史与科学史。下文中按时间顺序排列的作品皆为创作灵感的主要来源，如有兴趣建议一读。

《自然史》
老普林尼（Pline l' Ancien）著（1世纪）

《自然史》一书是老普林尼最广为人知的著作，这本百科全书涵盖了那个时代的历史、地理、生物以及医学相关的所有知识，也可用于查询当时已确认的生物物种。

在本书中，可以找到波纳孔（第10页）、卡托布莱帕斯（第11页）、塞勒（第36页）及双头蛇（第51页）的相关描述。这些生物大部分居住在埃塞俄比亚和印度，以及其他几个和罗马相隔甚远的神奇之地。该书中的许多创作灵感都来源于希腊御医克特西亚斯（Ctésias）所著的《印度史》。书中对欧洲独角兽（第14页）与狮鹫（第34页）的描述皆为史上第一段文字记载。

中世纪动物画册
（12~13世纪）

在中世纪，动物画册在英国和法国大受欢迎。这些画册通过文字和插图将各种现实存在的动物或幻想动物描绘得栩栩如生。被描绘的动物多以道德或宗教的象征形象出现，例如欧洲独角兽（第14页）便是纯洁灵魂与赤诚情意的象征。

中世纪画册深受众多著作影响，譬如2世纪完成的《博物学者》一书，以及老普林尼等人所留下的古书，都是作者们的灵感来源。在这些画册中，皮埃尔·德波维（Pierre de beauvais）、菲利普·德汤恩（Philip de Thaun）和威廉·勒克莱（Guillaume Le Clerc）对动物的描绘都不尽相同，例如耶鲁兽（第8页）、塞勒（第36页）、西方龙（第42页）和欧洲鸡蛇（第48页）。

《造物的奇迹》
卡兹维尼（Al-Qazwînî）著（13世纪）

类似这样描述神奇事物的作品诞生于9世纪的阿拉伯与波斯，记载着关于地球乃至宇宙的天文学知识，各种美丽奇妙的事物跃然纸上，使古今中外的读者心驰神往。

书中真实和幻想互相交融，那编织出的美好画面令人目眩神迷。翻开此书，我们会与亚穆尔（第11页）、萨达瓦（第12页）擦肩而过，能够捕捉到西朗斯（第29页）的优美笛声，也能瞥见罗克鸟（第33页）和扎拉坦巨龟（第52页）惊鸿一现的身影。

这本《造物的奇迹》汇编了世界各大奇观（如今已有部分不复存在）。凭借其丰富的内容及精美的插图，该书享有极高的声誉，并被翻译成多种语言。该书也包含了描绘独角兔（第14页）的图画。

《曼德维尔游记》
约翰·曼德维尔（Jean de Mandeville）著（14世纪）

中世纪末期，英国作家约翰·曼德维尔以《曼德维尔游记》一书闻名于世。作者声称自己是一名探险家，并在书中详细记录了环游世界之旅的过程。这场旅行从英国启程，跨经埃及、印度、中国等地，最后以一个传说中的国家画上句号。作者一路上遇见了各种奇珍异兽：独角兽、狮鹫（第34页）、巨型蜗牛、长着狗头的人形生物、会说话的鱼，还有神奇的复合生物植物羊（第64页）。

19世纪，这本游记受到了大量的批评，批评者指责曼德维尔是骗子，指责他胡乱编造了那些从未发生过的奇遇。如今，事实证明作者在撰写本书时参考了各种文献，并添加了虚构的成分。

无论如何，这本书中天马行空的描述依然使中世纪的读者无比神往，并对马可·波罗等作家产生了深远的影响。在那个时代，无论是读者人数还是印刷次数，都要数这本《曼德维尔游记》独占鳌头。

《怪兽奇谈》
安布鲁瓦兹·帕雷（Ambroise Paré）著（1585年）

安布鲁瓦兹·帕雷是一名外科医生，身体力行地推动了外科手术的发展，被后人认为是现代外科之父。在他出版的众多作品中，这本描述神话生物的《怪兽奇谈》最为引人注目。

虽然这位来自文艺复兴时期的医生并不相信中世纪期间有独角兽存在，但他依然执着于坎福尔（第15页）、马头鱼尾怪（第54页）和霍加（第56页）的传说。

《来自灌木丛、沙漠与大山的可怕生物们》

威廉·托马斯·考克斯（William T. Cox）著（1910 年）

对于那些在森林中神出鬼没的神奇动物，美国的伐木工们似乎总有着说不完的故事。威廉·托马斯·考克斯曾在美国森林管理局工作，在 20 世纪初加入了伐木营。他在那时便萌生了编写动物指南的想法，希望通过写书来使这些动物广为人知，免遭遗忘。

书中，作者特别介绍了甘贝鲁（第 28 页）这种橡胶灰熊的存在。

《幻兽辞典》

豪尔赫·路易斯·博尔赫斯（Jorge Luis Borgès）与玛格丽塔·格雷罗（Margarita Guerrero）合著（1957 年）

阿根廷作家豪尔赫·路易斯·博尔赫斯在短篇小说、诗歌、文学评论等多个领域均有建树。他在 1957 年写下了《幻兽动物案内》一书（后更名为《幻兽辞典》）。这部作品如同一本百科全书，涵盖了一百余种幻想生物的多样描述。

博尔赫斯对书籍与图书馆抱有极大的热爱，鉴于家中藏书众多，他自幼便能接触到各式各样的作品。通过福楼拜与卡夫卡等名家著作，他了解了大量的希腊神话、马普切文化和中国文化传说。

通过该书中简练的描述，读者可以一睹欧洲独角兽（第 14 页）、食金鸟（第 33 页）、狮鹫（第 34 页）乃至扎拉坦巨龟（第 52 页）的真容。其中要数鹿鹰兽（第 37 页）最为神秘。作者引用的出处均无迹可寻，因此甚至有人怀疑是博尔赫斯自己编造出了这种生物。

《鼻行动物的种类和生态》

哈尔德·斯图姆克教授（Harald Stümpfke）著（1962 年）

鼻行动物是哈尔德·斯图姆克教授在《鼻行动物的种类和生态》一书中所描述的虚构哺乳目动物。教授在书中对鼻行动物进行了详细的命名、分类，并精确地描述了这个大家族中各种各样的形态。教授也声称，一支科学探险队登上了太平洋中的失落群岛，将这些神奇生物曾经存在的珍贵信息保存了下来。不过，这一说法并没有现实依据，因为正如教授所言，"群岛连带着这个庞大的家族，永远地消失在汪洋大海之中"。

如今，比起科普书籍，斯图姆克教授的这本书更像是一部文学作品，字里行间流淌着奇思妙想和如诗情怀。

《图解日本妖怪大全》

水木茂（Shigeru Mizuki）著（1994 年）

日本妖怪起源于日本的神话传说，是各种日本虚构生物的统称。从中世纪开始，在口口相传的故事、民谣和印刷制品（采用木活字印刷技术）中都能发现它们的踪影。如果没有漫画家水木茂的记录，这些神秘的生物很有可能在 20 世纪就消失得无影无踪了。在水木茂大受欢迎的连载漫画《鬼太郎》和《童年轶事》中，都讲述了各种恐怖却不失滑稽的妖怪故事。

为编写这本《图解日本妖怪大全》，水木茂费时费力收集了大量的妖怪情报，最终分类出 500 多种不同的妖怪，例如食梦貘（第 20 页）、鵺（第 22 页）、波山（第 32 页）都名列在册。

巴塔哥尼亚怪兽网

奥斯汀·惠特（Austin Whittall）创建的网站 http://patagoniamonsters.blogspot.com/（2009 年）

巴塔哥尼亚位于南美洲西南一侧。阿根廷人奥斯汀·惠特在一手创建的网站中将该地区的大量幻想动物汇集成文，其中大部分来源于当地原住民马普切人的传说。马普切文化中深藏着各类信仰，也滋养了许许多多神奇的动物，例如卡马乌埃多（第 15 页）、库奇维洛（第 18 页）、吸血蛇（第 50 页）、狐蛇（第 58 页）和科尼波尼（第 63 页）。这些动物多来自山川湖海，与各种自然现象息息相关。